“十四五”职业教育部委级规划教材

“现代纺织技术”国家高水平专业群立项教材

纺织服装面料识别与应用

FANGZHI FUZHUANG MIANLIAO SHIBIE YU YINGYONG

佟　昀｜主　编

邢　颖　王继曼　尹桂波　刘　欢｜副主编

中国纺织出版社有限公司

内 容 提 要

本书全方位讲解：纤维分类及其性能、纤维和纱线识别与应用、面料生产认识、机织和针织面料识别与应用、中外传统服饰面料识别与应用、不同风格服装面料识别与应用，以及面料在服装设计中的艺术再造和打理，共十章内容。

详细介绍了时尚色织面料（府绸、绉布、双层等20个品种），新颖外观面料（凹凸、曲线、烂花、剪花等23个品种），化纤面料（麂皮绒、欧根纱、雪纺、四面弹等17类），精、粗纺毛织面料（华达呢、法兰绒、钢花呢等二类29个品种），丝绸（绫、罗、绸、缎等14大类），纬编织物（罗纹、添纱、空气层提花、罗马布、摇粒绒等50个品种），经编织物（蕾丝、网眼、珊瑚绒等12个品种），中国传统服饰面料（缂丝、三大名锦、15个少数民族织锦、蓝印花、蜡染、扎染、香云纱、漳绒等），国外传统服饰面料（亚、非、欧和美洲等29个国家的莲花丝、织锦、泥染布、蕾丝等）。

本书彩图1400余幅，电子画廊图片2500余幅，二维码视频110个，首创三维动态虚拟服装面料应用的实景效果。

本书可作为纺织、服装类院校教材，也可供广大社会学习者学习参考。

图书在版编目（CIP）数据

纺织服装面料识别与应用 / 佟昀主编；邢颖等副主编 . -- 北京：中国纺织出版社有限公司，2024.5（2025.9重印）
"十四五"职业教育部委级规划教材　"现代纺织技术"国家高水平专业群立项教材
ISBN 978-7-5180-0133-0

Ⅰ.①纺… Ⅱ.①佟… ②邢… Ⅲ.①服装面料—识别—职业教育—教材 Ⅳ.① TS941.41

中国国家版本馆 CIP 数据核字（2024）第 081743 号

責任编辑：沈　靖　孔会云　　特约编辑：陈彩虹
責任校对：高　涵　　　　　　　責任印制：王艳丽

中国纺织出版社有限公司出版发行
地址：北京市朝阳区百子湾东里 A407 号楼　邮政编码：100124
销售电话：010—67004422　传真：010—87155801
http://www.c-textilep.com
中国纺织出版社天猫旗舰店
官方微博 http://weibo.com/2119887771
天津千鹤文化传播有限公司印刷　各地新华书店经销
2024 年 5 月第 1 版　2025 年 9 月第 2 次印刷
开本：787×1092　1/16　印张：17.25
字数：315 千字　定价：68.00 元

前言

PREFACE

纺织服装面料与服装设计、服装生产一起并列为服装领域三大要素，因而纺织服装面料识别与应用的知识和技能是从事服装设计和生产等工作的前提；熟悉纺织面料和掌握相关技能也是从事相关面料生产加工、面料国内外贸易人员的工作基础。"纺织服装面料识别与应用"是纺织、服装类院校的专业必选课和核心课的重要组成部分。

不同于服装材料或纺织生产类教材，本书聚焦"纺织服装面料"这一纺织、服装领域的核心材料，内容更加丰富，从"识别与应用"角度出发，体现实用性。

一、编写团队

编写团队由"三结合"形式组成：面料设计师+服装设计师+企业工程师和贸易人员。由具有企业经历的从事机织面料设计生产、针织面料设计生产、服装设计的"双师型"教授和博士，有企业经历的讲师和高级工程师、工程师组成编写团队，可以将纺织服装面料生产和服装设计等内容有机融合。

二、本书定位

面向服装院校服装设计、服装工艺等专业，同时面向纺织院校纺织面料教学需要，为纺织、服装企业相关从业者提供关于面料识别和选用的通识化、工具书式教材。本书除用于纺织、服装类专业教学需要，也可供广大业内人士和社会学习者参考。

三、本书理念

一个融合：面料风格、性能特征与服装应用相融合；
三个紧贴：紧贴市场、流行趋势、纺织和服装企业需求；

两个技能：面料识别与服装应用技能；

三个聚焦：聚焦新纤维、新面料、新时尚。

四、本书特色

本书具有内容丰富、原创性、系统化、全视角、新颖性、数字化、立体化、全彩色、实用性的特色。

本书内容包括纤维、纱线、机织和针织面料、中外传统服饰面料的生产、识别与应用，不同风格服装面料识别与应用、服装面料再造与打理等，很多内容是原创性著述。

本书与时俱进，融入了大量新纤维、新面料和新时尚，具有很强的新颖性。本书为全彩色，对色彩丰富的纺织服装面料具有极大的表现力。本书数字化资源以融媒体、立体化的形式来呈现，尤其是采用3D-CLO制作三维动态虚拟服装面料应用的实景。书中彩图1400余幅，电子画廊图片2500余幅，二维码视频110个。

五、编写分工

本书由江苏工程职业技术学院佟昀担任主编，江苏工程职业技术学院邢颖、王继曼、尹桂波、刘欢担任副主编。

尹桂波教授编写第一章第一节、第二节；江苏工程职业技术学院陈和春副教授编写第二章第四节至第七节；刘欢博士编写第一章第三节，第五章第四节的第一部分、第六节；王继曼老师编写第六章；邢颖教授编写第九章；江苏工程职业技术学院施静教授参编第五章第六节；佟昀教授编写第一章第四节至第六节，第三章第四节，第四章，第五章第一节、第四节第二部分、第五节，第七章，第八章，与施静教授合编第十章；江苏工程职业技术学院丁永青老师参编第三章第一节、第二节。南通中大纺织有限公司研发部王平平工程师参编第五章第二节、第三节；江苏斯得福纺织有限公司李红军副总经理、高级工程师参编第三章第三节；苏州震纶棉纺有限公司高海荣副总经理参编第二章第一节至第三节；河南工程学院服装学院王旭副教授与佟昀合编第七章第三节、第四节。本书以二维码形式呈现的视频和电子画廊由佟昀编辑，面料三维动态虚拟服装效果展示设计由副主编刘欢博士完成。全书由佟昀统稿。

本书在编写之前经过了众多纺织与服装企业、展会和中外纺织服饰博物馆的资源积累和长期教学实践，向这些热心教育的资源提供者致敬，同时央视、西瓜视频、哔哩哔哩、小红书等网站和自媒体博主等资源使本书受益良多，一并致谢。

由于编者水平有限，资源尚不丰富，缺点、错误在所难免，恳请读者批评指正。

编者
2024年2月2日

目录

第一章

纺织服装用纤维分类及其性能

纺织纤维

第一节　纺织纤维分类

　　纺织纤维分天然纤维（包括植物纤维、动物纤维和矿物纤维）、化学纤维（包括再生纤维、合成纤维和无机纤维），分类如下。

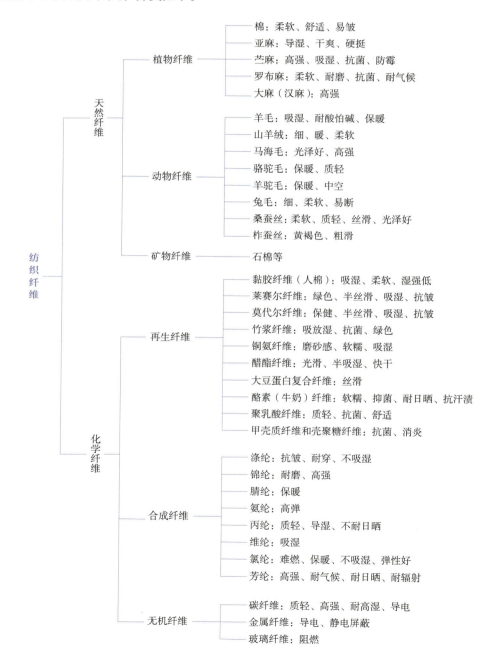

纺织纤维
- 天然纤维
  - 植物纤维
    - 棉：柔软、舒适、易皱
    - 亚麻：导湿、干爽、硬挺
    - 苎麻：高强、吸湿、抗菌、防霉
    - 罗布麻：柔软、耐磨、抗菌、耐气候
    - 大麻（汉麻）：高强
  - 动物纤维
    - 羊毛：吸湿、耐酸怕碱、保暖
    - 山羊绒：细、暖、柔软
    - 马海毛：光泽好、高强
    - 骆驼毛：保暖、质轻
    - 羊驼毛：保暖、中空
    - 兔毛：细、柔软、易断
    - 桑蚕丝：柔软、质轻、丝滑、光泽好
    - 柞蚕丝：黄褐色、粗滑
  - 矿物纤维
    - 石棉等
- 化学纤维
  - 再生纤维
    - 黏胶纤维（人棉）：吸湿、柔软、湿强低
    - 莱赛尔纤维：绿色、半丝滑、吸湿、抗皱
    - 莫代尔纤维：保健、半丝滑、吸湿、抗皱
    - 竹浆纤维：吸放湿、抗菌、绿色
    - 铜氨纤维：磨砂感、软糯、吸湿
    - 醋酯纤维：光滑、半吸湿、快干
    - 大豆蛋白复合纤维：丝滑
    - 酪素（牛奶）纤维：软糯、抑菌、耐日晒、抗汗渍
    - 聚乳酸纤维：质轻、抗菌、舒适
    - 甲壳质纤维和壳聚糖纤维：抗菌、消炎
  - 合成纤维
    - 涤纶：抗皱、耐穿、不吸湿
    - 锦纶：耐磨、高强
    - 腈纶：保暖
    - 氨纶：高弹
    - 丙纶：质轻、导湿、不耐日晒
    - 维纶：吸湿
    - 氯纶：难燃、保暖、不吸湿、弹性好
    - 芳纶：高强、耐气候、耐日晒、耐辐射
  - 无机纤维
    - 碳纤维：质轻、高强、耐高湿、导电
    - 金属纤维：导电、静电屏蔽
    - 玻璃纤维：阻燃

第二节　天然纤维

天然纤维包括植物纤维（棉和麻）、动物纤维（动物毛和丝）和矿物纤维。

一、植物纤维

关键词 吸湿、导热、导电、湿强高于干强、耐水洗、耐高温熨烫、易染色、耐碱怕酸

植物纤维共同缺点是抗皱性差，服装较重。

（一）棉（Cotton, C）

棉纤维是我国纺织工业的主要原料，棉花主要产地有中国、美国、印度、巴基斯坦、巴西、埃及等国家。我国棉花的种植以黄河流域和长江流域为主，再加上西北内陆、辽河流域和华南地区，共五大棉区。棉花主要分为细绒棉、长绒棉和粗绒棉。

细绒棉又称陆地棉。纤维线密度和长度中等，一般长度为25～32mm，约占我国棉花种植面积的95%。

长绒棉又称海岛棉，较细绒棉更细，纤维细而长，一般长度为33~39mm，品质优良，主要用于纺制线密度小于10tex的优等棉纱。我国种植的有新疆长绒棉，进口的主要有埃及长绒棉、苏丹长绒棉等，埃及长绒棉品质最好。

此外，还有粗绒棉，一般长度为15~23mm，纤维长度短，可纺性差，一般不能单独使用，可与细绒棉混合使用，降低成本，粗绒棉可纺制较粗的纱，如牛仔布用气流纺（OE）纱。

注 1-1 特克斯（Tex）：单位为tex，是衡量纤维或纱线的线密度（粗细）的国际标准定长制单位，即每1000m纤维或纱线在公定回潮率时的质量（g），例如：10tex 即1000m纤维或纱线的质量为10g，显然数值越大，线密度越大（越粗）。

$$1tex=10 \, dtex$$

1. 棉的基本特性

关键词 柔软、吸湿（回潮率8%）、无静电、舒适、易染色、抗皱性差、耐磨性差、耐碱怕酸

（1）柔软吸湿。棉纤维细长，手感柔软，吸水性良好，回潮率达8%，穿着舒适，在湿润后干燥缓慢。

（2）耐热水洗。棉纤维湿强比干强高10%~20%，面料耐水洗，可以用热水浸泡、高温烘干，可承受相当高的干热或熨烫温度。

（3）耐碱怕酸。烧碱会使棉纤维直径膨胀，若施加张力，纤维定向排列，强力增加，可改善染色性能和光泽，这一加工方法称为丝光。酸性物质会损伤棉纤维，如长期穿着，人体汗液中的酸性物质会使纤维发黄、发脆，因此棉纤维穿着后应及时清洗。

（4）导热、导电。棉纤维是热和电的良好导体，可将热量从身体带走，适合在炎热或温暖的气候中使用。由于棉纤维可导电，因而不会产生静电。

（5）弹性和抗皱性差。不挺括，穿着时易起皱，起皱不易恢复，经常摩擦的地方易变薄、受损。

（6）缩水率大。一般在3%以上。

此外，棉纤维的密度往往相对较高，因此由棉纤维织成的织物相对较重。

注 1-2　回潮率：是衡量纤维吸水性能的指标，是指棉纤维在标准条件下，经24h达到吸放湿平衡时，水分重量占纤维干重的百分比。

2. 棉纤维的应用

（1）用作府绸等高档衬衫面料和床上用品面料，纺纱中采用更细的长绒棉的比例较高，生产低线密度，即高支纱，常采用40英支、50英支、60英支、70英支、80英支、100英支。支数越高则长绒棉或纤维长度较长的细绒棉比例越高。总之，成纱越细、面料越细腻，品质和价格越高。

注 1-3　英制支数（N_e）：简称英支，一般用于棉纱，是指1磅重的纱线所具有的840码的倍数（英制公定回潮率下）。支数越大则纱线线密度越小（越细），反之越大（越粗），例如16英支较21英支粗。线密度与英制支数的换算关系如下：

纯棉织物：$Tt = \dfrac{583}{N_e}$

化纤织物：$Tt = \dfrac{590.5}{N_e}$

例如，纯棉40英支折算为公制$Tt=583/40=14.6$（tex）。

（2）夹克衫、裤子、背心汗布等春秋服装、内衣和普通床品面料采用的细绒棉比例较高。夹克衫一般棉纱采用16～21英支的中支棉纱；裤子、普通床品面料采用20～32英支的中到细支棉纱；背心汗布、内衣采用32英支的棉纱。

（3）牛仔布、粗斜纹织物一般采用主体细绒棉和少量粗绒棉混合，采用7～12英支的粗支纱，织物质地粗厚，坚牢耐穿。

3. 棉织物的后加工

棉具有耐碱怕酸、柔软、保暖、强力低、易起皱、缩水率较高的特性。为了取长补短，可以根据这些特性进行后加工。棉织物的典型后加工有：利用棉纤维遇酸溶解，聚酯纤维耐酸特性，制备棉包聚酯长丝的包芯纱烂花布，如图1-1所示；采用外包石英砂布的金属辊在棉布表面回转磨绒生产绒布，如图1-2所示；利用液氨整理制备抗皱的高档纯棉衬衫布，如图1-3所示，等等。

图1-1 棉+聚酯纤维的
包芯纱烂花布

图1-2 绒布

图1-3 液氨整理的衬衫布

（二）麻（Bast）

关键词 排汗导湿、干爽、硬挺、不贴身、抗菌

亚麻和苎麻在服装和家居纺织品中使用最为广泛，亚麻价格较棉贵得多。

麻纤维与棉纤维同属纤维素纤维，共同之处如下：密度相对较高，这使得两者的织物相对较重；弹性较低，容易起皱，并且褶皱不易恢复；吸水性和回潮性良好，穿着舒适；易于染色，导电导热。

麻纤维与棉纤维的不同之处如下：亚麻比棉花韧性强，正常的韧性范围在5.5～6.5g/旦之间，当纤维潮湿时，其拉伸强度增加，不如棉纤维有弹性；作为热导体，比棉花更好，能更快地将热量从身体带走。

 注1-4 纤度（N_d）：旦尼尔或旦，纤维或纱线的质量（g）/9000m（公定回潮率下）。

$$N_d = \frac{G}{L} \times 9000$$

式中：G 为纤维或纱线的质量（g）；L 为纤维或纱线的长度（m）。例如75旦，意味着9000m长的纤维或纱质量为75g，显然旦数越大，纱线密度越大（越粗）。
一般用于天然纤维和化学纤维，线密度与纤度的换算关系：1tex=9旦。

常见麻的种类有亚麻、苎麻、罗布麻、大麻等。

1. 亚麻（Linen）

亚麻是人类最早使用的天然束状纤维。亚麻与丝绸一样，是高档纺织品的代表。亚麻原产地中海地区，欧洲、亚洲温带多有栽培。早在5000多年前的新石器时代，瑞士湖栖居民和古埃及人已经栽培亚麻并用其纤维纺织成衣料，如图1-4所示，埃及各地的木乃伊也是用亚麻布包裹的。

亚麻织物风格粗犷、穿着挺爽、凉快，没有刺痒感，易着色。由于亚麻纤维整齐度差，致使成纱条干不良，因此织物表面有粗、细条痕，甚至还有粗节和大肚纱，给人一种回归自然的独特风格，如图1-5所示。

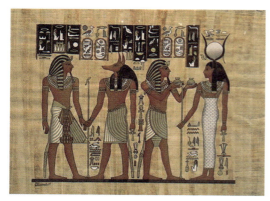

图1-4　古埃及亚麻衫缇（褶裙）

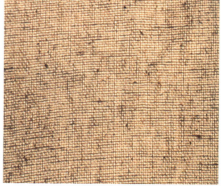

图1-5　亚麻织物

亚麻在种植过程中无须使用除草剂和杀虫剂，是一种绿色环保纤维。

亚麻制品具有显著的抑菌作用，因为亚麻纤维呈中空状，富含氧气，使厌氧细菌无法生存。亚麻织物对国际标准菌株的抑菌率可达65%以上，对大肠杆菌和金黄色葡萄球菌的抑菌率达90%以上。

亚麻织物的抗皱性和耐磨性差，折缝处易磨损，在穿着使用前宜先烫浆。

亚麻细布类以湿纺长麻纱为主织制，也有用优质的栉梳落麻或其他短麻、经精梳的湿纺短麻纱织制。大宗产品有22×22公支和19×19公支纯亚麻布。白布主要用作抽绣品的基布，适宜用作夏令服装和床单、被套、台布等家用纺织品和画布等。

纯亚麻布成本较高，采用棉/麻混纺布、涤纶/亚麻混纺细平布等品种，既可降低成本，又可使织物刚柔并济，相得益彰。

> **注 1-5**　**公制支数（N_m）：**每克重的纱线所具有的纱线长度（公定回潮率下），一般用于毛和麻纱。
>
> $$N_m = \frac{L}{G}$$
>
> 式中：G 为纱线的公定质量（g）；L 为纱线的长度（m）。
>
> 换算关系：$N_m = \dfrac{1000}{\text{Tt}}$

2. 苎麻（Ramie）

苎麻为我国特产，被誉为"中国草"。苎麻纤维长、强度大，热传导性能好，吸湿透气性是棉纤维的3～5倍，同时含有叮咛、嘧啶、嘌呤等有益成分，具有抑菌、透气、凉爽、防腐、防霉、吸汗等功能。苎麻脱胶后洁白有丝光，可以纯纺，也可以与棉、丝、毛、化纤等混纺，用纺出的苎麻纱织出的布称为苎麻布，如图1-6所示，苎麻布的缺点是穿着有刺痒感。

图1-6　苎麻纤维和苎麻布

现手工苎麻夏布仅在重庆、四川、江西、湖南等范围内有产，荣昌夏布是重庆市荣昌区传统的手工技艺，被列入第二批国家级非物质文化遗产名录。荣昌夏布手工织造和夏布服装如图1-7和图1-8所示。

图1-7　荣昌夏布手工织造　　　　　　　图1-8　夏布服装

3. 罗布麻（Roblinen）

罗布麻又称野麻，是一种野生植物，《本草纲目》记载其具有药效。织物中罗布麻含量在1/3时便具有医疗保健功效。罗布麻除具有吸湿、透气、透湿、强力高等麻类纤维的共性之外，还具有丝的光泽和棉的舒适性。罗布麻纤维细而柔软，无其他麻纤维的粗硬、刺痒感，但因罗布麻纤维无天然卷曲、抱合力差，故不宜纯纺，通常与其他纤维混纺。

罗布麻与其他纤维的混纺面料是男女夏装的优良面料，如内衣、护腰、护膝、袜子等。

4. 大麻（Hemp）

大麻原是我国云南、新疆等地的一种毒性植物，对大麻改良后的新品种不具提炼毒品的特性，现统称为汉麻（China-hemp）。

大麻纤维细软，无刺痒感和粗硬感，适合制作T恤、内衣等贴身衣服，具有透气、透湿、抗菌和凉爽宜人的特点。

大麻耐热、耐晒性能优异，可屏蔽95%以上的紫外线，适宜做防晒服装、太阳伞、露营帐篷、高温工作服等。

二、动物纤维

天然蛋白质纤维的共同性能特征：吸湿（回潮率13%）、导热、无静电、耐酸怕碱、抗皱性好。

天然毛和丝是蛋白质纤维，蛋白质是含有氨基酸的复杂高分子化合物。

（一）毛

动物毛包括羊毛、山羊绒、马海毛、骆驼毛、羊驼毛、兔毛等。

1. 羊毛（Wool）

关键词 耐酸怕碱、弹性好、抗皱、保暖、吸湿无静电、缩绒

（1）保暖、弹性和抗皱。羊毛纤维具有高隔热性（低导热性）和低可燃性，保暖性好。羊毛纤维天然卷曲，具有蓬松柔软的手感、极高的吸水性和16%的高回潮率，面料干爽。羊毛织物弹性回复性极佳，抗皱和折皱回复性好，质轻，耐脏和耐磨损，经久耐穿。

（2）不耐日晒、耐酸怕碱、易受虫蛀。日光中的紫外线对羊毛纤维有分解破坏作用，使之变得干枯易断；耐酸怕碱，羊毛纤维会溶解在氢氧化钠溶液中，不宜使用碱性洗涤剂；易受虫蛀。

（3）缩绒。因羊毛纤维鳞片单向性，服装在湿热的条件下摩擦，纤维表面会因顺鳞片方向运动而互相嵌合，因鳞片单向性不会恢复原来状态，使服装变得小而厚。故清洗时水温不宜过高，少揉搓。可利用缩绒性进行缩呢整理，呢面致密平整，或者生产毛毡。

不同羊毛的质量差别很大，这取决于绵羊的生长条件和遗传基因。澳大利亚、南美洲和南非的美利奴羊生产的羊毛非常细而柔软。菲利普港羊毛是澳大利亚最好的羊毛，用于生产优质粗纺和精纺面料。美利奴羊毛已在德国、法国、西班牙和美国成功培育，质量上乘。典型应用有精纺西服正装、粗纺大衣呢、羊毛衫、羊毛围巾等。

2. 山羊绒（Cashmere）

关键词 细、柔软、保暖

山羊绒主要取自亚洲克什米尔山羊，是生长在山羊粗毛根部的一层薄薄的细绒，类似人体的汗毛，这些纤维是从动物身上梳理出来的，而不是剪下来的。一只山羊通常只产一百多克的优质纤维，由于山羊绒的供应有限，而且需求量很大，所以山羊绒非常昂贵。

山羊绒轻、软且保暖性好，山羊绒比羊毛对碱的作用更敏感，织物可以贴身穿着，产量少，山羊绒产量占世界动物纤维总产量的0.2%，交易中以克论价。山羊绒主要用于围巾、毛衣、西装和外套等服装，经常与羊毛混纺以降低产品成本，羊绒衫如图1-9所示。

图1-9 羊绒衫

3. 马海毛（Mohair）

关键词 光泽好、弹性好、高强、耐磨

马海毛源自安哥拉羊绒，安哥拉山羊（图1-10）原产土耳其首都安卡拉周围的安纳托利亚高原，目前土耳其、南非和美国是马海毛三大产地。

马海毛表面光滑，具有蚕丝般的光泽，不易收缩，也难毡缩。马海毛强度高，具有较好的回弹性、耐磨性及排尘防污性，不易起球，易清洁洗涤。

马海毛的皮质层几乎都是由正皮质细胞组成，故纤维很少弯曲，且对一些化学药剂的作用比一般羊毛敏感，具有较佳的染色性。

马海毛长而有光泽，弹性大，强力高，耐用，一般用于高级精梳纺，是羊毛中比较昂贵的一种，常用于家庭装饰织物以及服装（图1-11）。

图1-10 安哥拉山羊　　　　　　　　　　图1-11 马海毛衫

4. 骆驼毛（Camel hair）

关键词 保暖、质轻、厚实、柔滑

骆驼毛是一种比较理想的保暖材料，如图1-12所示，纤维轻，易洗涤，具有优异的隔热保暖性，绒面丰满，富有弹性，手感厚实，贴身舒适。骆驼毛比羊毛对化学物质更敏感，其强度与直径相近的羊毛相似，但小于马海毛。骆驼毛主要用于高档大衣面料。

骆驼毛主要取自双峰驼（图1-13），颜色从乳白色至棕褐色，其中色浅的、光泽好的骆驼毛品质优良。骆驼毛的重要特征是粗细毛纤维混杂，其中细短的绒毛纤维含量约为50%。骆驼毛具有细柔、轻滑、保暖性强等优良特性。骆驼毛含有天然蛋白质成分，不易产生静电，不易吸灰尘，对皮肤无刺激过敏现象。我国内蒙古阿拉善盟生产的骆驼毛产量大、质量好，在国内外都享有盛名。

图1-12 骆驼毛　　　　　　　　　　图1-13 双峰驼

5. 羊驼毛（Alpaca）

关键词 中空、保暖、高强、丝滑

羊驼主要生活在南美洲高原，如图1-14所示。羊驼毛属于骆驼毛纤维，具有天然光泽，因此织成的面料一般无须染色。

羊驼毛有微小的空气穴，这些空气穴增加了羊驼毛制成的衣服的隔热性。羊驼毛与粗纺或精纺系统兼容，具有丝滑的光泽，如图1-15所示，在服装业具有很高的视觉吸引力。羊驼毛抗拉强度比羊毛高，可以梳理并与其他天然纤维或合成纤维混纺，图1-16所示为羊驼毛/绵羊毛混纺的女式大衣。

图1-14　羊驼　　　　　　　图1-15　羊驼毛　　　　　　图1-16　羊驼毛大衣

6. 兔毛（Rabbit hair）

关键词 保暖、柔软、蓬松、易断、长度差异大、可纺性差

兔毛纤维的上半段平直无卷曲，髓质层发达，具有粗毛特征，纤维的下半段则较细，有不规则的卷曲，只由单排髓细胞组成，具有细毛特征。兔毛纤维耐酸怕碱，内含有空气穴，纤维细长，柔软蓬松，保暖性强，颜色洁白，光泽好。但纤维卷曲少，表面光滑，由于纤维表面摩擦系数低，所以纤维间抱合力差，且比电阻高，所以在加工过程中易产生静电。兔毛纤维强度较低，纯纺较困难，容易产生飞花、落毛，大多与其他纤维混纺，可作针织衫和机织面料。

目前冬季市场上流行以仿兔毛锦纶+PBT弹力包芯纱经编织造的仿兔毛面料服装，如图1-17所示。

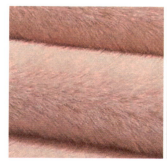 

图1-17　仿兔毛面料及服装

（二）丝（Silk, S）

关键词 质轻、柔软、丝滑、光泽好、吸湿、保温、不耐日晒、耐酸怕碱

蚕丝是由蚕吐丝而得的天然蛋白质纤维，是人类最早利用的天然动物纤维之一。我国是世界上最早养蚕和利用丝织造织物的，迄今已有4700年以上的历史。

1. 蚕丝种类

（1）桑蚕丝。桑蚕丝以食桑树叶而得名［图1-18（a）］，我国主要产地在江苏、浙江、安徽等地。桑蚕丝色泽洁白、光泽柔和明亮，染色性好，质轻，细软，光滑，富有弹性，强度和断裂伸长率较好。

（2）柞蚕丝。柞蚕丝以食柞树叶而得名［图1-18（b）］，缫丝后可织成丝绸，我国主要产地在山东、辽宁、河南等地。柞蚕丝吸湿率、耐日光性能优于桑蚕丝，耐酸碱性比桑蚕丝好，呈黄褐色，色素不易去除，不易染色。柞蚕丝光泽度、光洁度、柔软度却不如桑蚕丝，遇水会在织物表面留下水渍。

（a）桑蚕　　　　　　　　　　　　　（b）柞蚕

图1-18　蚕的种类

2. 结构形态

蚕丝是天然长丝纤维，截面呈三角形，有圆角。蚕丝是由两根透明的单丝（又称丝素）并合而成，两根单丝之间和外部包覆着不透明的丝胶，其截面呈三角形或半椭圆形。蚕丝是一种含有15种氨基酸的蛋白质纤维，分子没有交联，也没有笨重的侧链，分子链紧密堆积形成高分子取向，赋予了蚕丝更高的强度。

3. 化学成分

蚕丝的化学成分为：丝素（丝质）70%~80%；碳水化合物1.2%~1.6%；丝胶20%~30%；色素0.2%；蜡质0.4%~0.8%；无机物0.7%。

4. 性能特征

（1）吸湿性和保温性。蚕丝是一种多孔性物质，且蚕丝的大分子中含有大量的亲水性基团，所以蚕丝吸湿能力强，丝绸容易吸收水分，可以吸收自身重量三分之一的水分，而不会感到潮湿。标准回潮率在11%左右，蚕丝吸收和散发水分的速度快，所以夏季穿着丝绸服装会感到舒适、凉爽。

由于蚕丝的丝素中有许多微孔，是一种多孔物质，是热的不良导体，所以蚕丝保温性

能也很好。

（2）弹性和强度。蚕丝具有中等弹性。悬挂后褶皱消失性相对较好，但褶皱不会像羊毛织物那样快速或完全消失。蚕丝的弹性小于羊毛而优于棉，断裂伸长率达15%～25%。

蚕丝的强度与棉纤维相近，湿态下的强度低于干态下的强度，干强度为2.4～5.1g/旦，湿强度为干强度的80%～85%。

（3）光泽和耐光性。蚕丝因具有三角形的丝素截面和多层丝胶结构，所以具有优美的光泽，特别是精练后，蚕丝颜色洁白，具有珍珠般的柔和光泽。但蚕丝的耐光性差，在光照下，蚕丝的颜色发黄，强度下降，所以蚕丝织物洗后应阴干。

（4）耐酸碱和溶剂性。蚕丝是天然蛋白质纤维，不耐碱，有一定的耐酸性，但其耐酸性远低于棉和麻纤维。和羊毛一样，蚕丝也不溶于普通溶剂。

丝蛋白在碱溶液中可以引起不同程度的水解，即便是稀碱溶液，也能溶解丝胶，浓碱对丝的破坏性更大，所以天然丝织物不可用碱性大的肥皂洗涤。此外，丝还不耐盐，如汗衫等丝织品受汗水浸蚀后，会出现黄斑。

蚕丝经醋酸处理会变得更加柔软、滑润，光泽更好，所以洗涤丝绸服装时，可在最后加点白醋，改善光泽和手感。此外，经酸处理后的蚕丝织物相互摩擦，会产生独特的丝鸣声。

（5）耐熨烫温度。丝绸能承受比羊毛更高的温度而不会分解，它能长期承受140℃的高温，但会在175℃分解。

第三节　再生纤维

再生纤维是受蚕吐丝的启发，以纤维素和蛋白质等天然高分子化合物为原料，经化学加工制成高分子浓溶液，再经纺丝和后处理而制得的纺织纤维。

再生纤维具有天然纤维的特征：吸湿性好、柔软舒适、易染色、无静电、不起球。

一、再生纤维素纤维

1. 黏胶纤维（Viscose，R）

关键词 丝滑、悬垂、吸湿、染色好、柔软、缩水率大、湿强低

黏胶纤维是再生纤维的主要品种，是我国产量第二大的化纤品种，将棉浆粕或木浆粕，通过化学反应将天然纤维素分离出来，经喷丝、干燥和卷绕而成。如果是切断成短纤维，称为人造棉、人棉；如果是连续长丝卷装形式，称为人造丝、人丝。

（1）优点。黏胶纤维吸湿性好，回潮率可达11%，远远高于棉的8.5%的回潮率，像棉

一样会"呼吸"。没有静电或起球问题，手感柔软或丝滑、悬垂性好，易于染色，色泽鲜艳，布面光洁、细密，且原料成本低廉。

（2）缺点。黏胶纤维抗皱性差、缩水率大、湿强低。黏胶纤维在水中膨胀，导致织物洗后收缩。用合成树脂处理可以减少膨胀和收缩，该处理还可改善折皱回复性，但吸湿性降低。由黏胶纤维制备的人棉绸（富春纺）适用于制作丝巾、床上用品等，服用舒适、成本低廉，如图1-19所示。

黏胶纤维在潮湿时会损失30%~50%的强度，因此在洗涤时需要格外小心，干燥后强度恢复，其弹性非常差。

图1-19　人棉绸

2. 莱赛尔纤维（Lyocell fiber）

关键词 绿色、半丝滑、悬垂性好、吸湿、染色好、柔软、干强和湿强高、外观风格介于棉和丝之间

莱赛尔（Lyocell）本质是改性纤维素纤维，具有黏胶纤维织物全部优点，弥补了其湿强低的不足，面料具有独特的"半丝滑"风格。

天丝（Tencel）是奥地利兰精（Len Zing）股份公司旗下品牌，是采用N-甲氧基吗啉（简称NMMO）溶液溶解纤维素后，进行湿法纺丝生产的一种高湿模量再生纤维素纤维。生产在密闭系统中进行，有机溶剂的回收率可达99%以上，对环境无害。莱赛尔纤维因其原料特性可进行生物降解。

（1）种类。莱赛尔纤维有长丝和短纤维，短纤维分普通型（未交联型）和交联型。

Tencel G100普通型纤维：吸湿膨润率高达40%~70%。如受机械摩擦，纤维外层会发生断裂，形成毛茸，产生原纤化，可通过磨绒或喷砂处理获得桃皮绒风格。

Tencel A100交联型：减少莱赛尔纤维原纤化倾向，风格光洁，不易起毛起球。

Tencel LF型：介于Tencel G100和Tencel A100之间，与普通莱赛尔纤维相比，原纤化程度更低，因此它与棉纤维很相似，纤维性能参数更好；纤维具有天然卷曲性，呈现天然的纺织特性，可生产如睡衣、内衣、短袜和长筒袜等贴肤纺织品。

（2）风格。面料质地、手感和光泽介于棉织物和丝绸之间，比棉柔软、丝滑，但是不如丝绸，形似"半丝绸"。

（3）性能。保留了棉的透气性，具有涤纶的强度、真丝的光泽和悬垂性，湿强接近干强，干强接近涤纶。短纤维的延伸率为10%～14%，略高于棉，弹性很低。适用于女装面料和家纺面料，如图1-20所示。

图1-20　莱赛尔纤维面料及应用

3. 莫代尔纤维（Modal fiber）

关键词 保健、半丝滑、悬垂性好、吸湿性强、染色好、抗皱、干强和湿强高

莫代尔（Modal）是奥地利兰精股份公司旗下品牌。莫代尔是一种由山毛榉纤维制成的纤维。本质是改性纤维素纤维，具有黏胶纤维织物全部优点，弥补了其湿强低的不足，面料有具有独特的半丝滑的风格。莫代尔纤维特征如下。

（1）面料手感柔软，悬垂性好，穿着舒适。

（2）面料有良好的回潮性和透气性，优于棉质面料，有利于身体的生理循环和健康，用于服装外衣、内衣、吊带等。

（3）面料表面平整、细腻光滑，丝绒质地，具有天然丝绸的效果。

（4）莫代尔纤维具有比黏胶纤维高的干强度和高得多的湿强度。

（5）莫代尔纤维断裂伸长率为15%～30%，是棉纤维断裂伸长率的两倍多。

（6）莫代尔纤维与棉纤维相比，具有良好的形态与尺寸稳定性，使织物具有天然的抗皱性和免烫性，使穿着更加方便、自然。莫代尔面料及应用如图1-21所示。

图1-21　莫代尔纤维面料及应用

4. 竹浆纤维（Bamboo fiber）

关键词 吸放湿、抗菌、绿色

竹浆纤维是一种纤维素纤维，分为竹原纤维和竹浆纤维，后者从天然竹子的竹浆提取并制成。作为生长的植物纤维素材料，竹子在生长过程中不需要灌溉、施肥和药物喷洒，并且抗干旱和水涝。它可以以密集的方式种植，需定期砍伐。在生物降解后可以回归自然。这充分证明了竹子是一种容易获取、可利用且环境友好的原材料。因此，竹子作为一

种"绿色"纤维而受到欢迎。除了具有抗菌、抗紫外线、优异的渗透性和凉爽性等内在特性外，竹纤维的横截面有各种微间隙和微孔，使其还具有吸湿和解吸的功能，因此被称为透气纤维。此外，竹纤维具有柔软的手感、良好的悬垂性，易着色和着色艳丽。

5. 铜氨纤维（Copper ammonia fiber）

关键词 磨砂感、软糯、悬垂性好、吸湿、不贴身

铜氨纤维是一种再生纤维素纤维，它是将棉短绒等天然纤维素原料溶解在氢氧化铜或碱性铜盐的浓氨溶液中，配成纺丝液，在凝固浴中铜氨纤维素分子生成水合纤维素，经后加工即得到铜氨纤维。铜氨纤维面料手感柔软，光泽柔和，酷似砂洗丝绸，有磨砂感。

铜氨纤维的主要性能特征如下。

（1）手感柔软，光泽柔和，有砂洗丝绸感。单丝较细，一般在1.33dtex（1.2旦）以下，可达0.44dtex（0.4旦），所以面料有细腻的丝绸感。

（2）公定回潮率为11%，与黏胶纤维接近，易染色，上色较深。

（3）干强与黏胶纤维接近，湿强高于黏胶纤维，耐磨性也优于黏胶纤维。

（4）150℃以上时强度下降，180℃时则枯焦。

（5）对酸和碱的抵抗能力差，对含氯漂白剂、过氧化氢的抵抗能力差。

铜氨纤维价格比较昂贵，一般300～400元/m，目前铜氨纤维已从里料推向面料，成为高级套装的最佳素材。特别适用于纯纺或与羊毛、合成纤维混纺，做高档针织物，如针织内衣、女装衬衣、风衣、裤料、外套等，铜氨纤维面料及应用如图1-22所示。

图1-22 铜氨纤维面料及应用

6. 醋酯纤维（Acetate fiber）

关键词 亮滑、有弹性、压烫褶裥、半吸湿、无静电、快干、耐高温熨烫、洗可穿

醋酯纤维是一种半合成纤维，是将醋酯纤维素溶解在含有少量水（最多10%）的丙酮中制成的。溶液被过滤并通过喷丝板的细孔泵送，当醋酸纤维素溶液喷射出来时，在温热空气流作用下，使丙酮蒸发，醋酸纤维素固化在收集装置上。醋酯纤维常见的有二醋酯纤维和三醋酯纤维。

醋酯纤维的主要性能特征如下。

（1）具有丝绸般外观，醋酯纤维具有很好的悬垂性、丝滑感，织物较真丝绸重。

（2）穿着舒适感较真丝绸和其他天然纤维织物差，有一定吸湿能力，干燥速度快，抗收缩。二醋酯纤维回潮率在6.5%左右，三醋酯纤维回潮率在4.5%左右，仅相当于锦纶的回潮率，远低于真丝绸（13%）的回潮率，可认为是半吸湿纤维，抗静电性能较好。

（3）强度较高，有弹性，耐磨性差。二醋酯纤维的断裂强度较黏胶纤维的断裂强度小，干强为10.6~15cN/tex，湿强为6~7cN/tex，湿强下降30%；三醋酯纤维的干强为9.7~11.4cN/tex，湿强与干强相接近。断裂伸长率比黏胶纤维大，为25%左右，湿态伸长率为35%左右。

（4）压烫褶皱或褶裥保持性好，适宜做百褶裙、抓绉布等。

（5）醋酯纤维对稀碱和稀酸具有一定的抵抗能力，但浓碱会使纤维皂化分解。

（6）二醋酯纤维在140~150℃开始变形，软化点为200~230℃，熔点为260~300℃；三醋酯纤维的软化点为260~300℃。所以醋酯纤维的耐热性和热稳定性较好，具有持久的压烫整理性能。

（7）大分子结晶度、取向度低，结构较为松散，有利于染液渗透。

（8）香水、指甲油、酒精会溶化醋酯纤维，要小心香水和指甲油等化妆品。

醋酯纤维的主要用途有服装内外衣、里料，面料应用如图1-23所示。

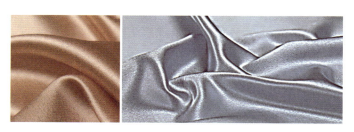

图1-23　醋酯纤维面料

二、再生蛋白质纤维

1. 大豆蛋白复合纤维（Soybean protein composite fiber）

关键词　丝绸般柔和的光泽、羊绒般的手感、保暖、耐酸耐碱

大豆蛋白复合纤维是以脱去油脂的大豆豆粕做原料，由氰基、羟基等高聚物与大豆蛋白质接枝、共聚、共混制成一定浓度的纺丝液，用湿法纺丝生产的再生蛋白质纤维，大豆成分占20%左右，成分过高影响服用性能（图1-24）。

大豆蛋白复合纤维织制的织物具有羊绒般的手感，丝绸般柔和的光泽，导湿性和保暖性好，具有良好的韧性和伸长率，耐酸耐碱，悬垂性优于丝绸。用大豆蛋白复合纤维纯纺纱或加3%氨纶织制的针织面料，手感柔软，适宜制作T恤、内衣、沙滩装、时装等。

图1-24　大豆蛋白复合纤维

2. 酪素（牛奶）纤维（Milk fiber）

关键词　滑糯、羊绒般的手感、抑菌、丝绸般柔和的光泽、耐日晒、抗汗渍

酪素纤维通常以乳酪作为基本原料，而不是液体的牛奶，经过脱水、脱油、脱脂、分

离、提纯，成为一种具有线型大分子结构的乳酪蛋白；再与聚丙烯腈进行共混、交联、接枝，制备成纺丝原液，最后通过湿法纺丝成纤、固化、牵伸、干燥、卷曲、定形、短纤维切断（长丝卷绕）等工序制成新型牛奶蛋白纤维。

酪素纤维干断裂强度≥2.5cN/dtex，回潮率4%～6%，纤维抑菌率≥80%。富含对人体有益的18种氨基酸，具有天然保湿因子，营养肌肤。牛奶纤维具有羊绒般的手感，蓬松细软；纤维白皙，具有丝绸般的天然光泽，外观优雅；耐日晒、抗汗渍。

牛奶纤维可用作各种外衣面料，如针织套衫、T恤、高档时尚女装等，还可广泛用于内衣和贴身衣服，如图1-25所示。

图1-25　牛奶纤维面料和服装

三、其他再生纤维

1. 聚乳酸纤维（PLA）

关键词 质轻、抗菌、舒适、悬垂性好

聚乳酸纤维是可追溯、可再生、环保可持续发展的时尚纤维新材料。它是以玉米、薯类等含淀粉生物或者秸秆纤维素为原料经乳酸菌发酵制取高纯度的单分子乳酸再聚合而成，其中纤维形成物质中至少85%重量由源自天然糖的乳酸酯单元组成。聚乳酸纤维特征如下。

（1）面料手感柔软、轻盈、抑菌除螨、亲肤舒适、悬垂性好。

（2）低吸湿性和高芯吸性，可用于运动和高性能服装和产品。

（3）高抗紫外线，可用于高性能服装以及户外家具。

（4）较低的比重，重量比其他纤维轻。

（5）高结晶性和高取向度，从而具有高耐热性和高强度，允许较高的洗涤和熨烫温度。

2. 甲壳质纤维和壳聚糖纤维（Chitin fiber）

关键词 抗菌、止血、消炎、保健、吸湿、透气

甲壳质是指从虾壳、蟹壳和节肢动物等中提取出来的天然高聚物，壳聚糖是甲壳质经浓碱处理后脱去乙酰基后的化学产物，资源丰富，可再生，能溶于浓盐酸、硫酸和乙酸，不溶于碱及其他有机溶剂，也不溶于水。甲壳质和壳聚糖纤维主要性能特征如下。

（1）具有广谱抗菌性，对大肠杆菌、枯草杆菌、金黄色葡萄球菌和乳酸杆菌等常见菌种都有明显的抑制作用。壳聚糖纤维棉织物和甲壳质纤维涤棉混纺织物对大肠杆菌的平均

抑菌率均高于95%，对金黄色葡萄球菌的平均抑菌率均高于98%。

（2）断裂强度大于1.5cN/dtex。

（3）具有良好的吸湿排汗性，被誉为"会呼吸的面料"。

甲壳质纤维和壳聚糖纤维制成的面料，柔软舒适、富有弹性，同时具有良好的抗菌作用，广泛用于抗菌袜、抗菌内衣、口罩、运动服、婴儿服等产品，深受消费者的青睐。甲壳质纤维和壳聚糖纤维还可以与棉、麻等纤维进行混纺，广泛用于制备毛巾、餐巾、床单、被套、毛毯等家纺产品。

此外，由于甲壳质纤维和壳聚糖纤维具有良好的生物相容性和广谱抗菌性，已完全达到了医用领域医用材料的标准，因此广泛用于手术缝合线，还可用于卫生巾、纸尿裤等卫生产品等，如图1-26所示。

图1-26　甲壳质纤维和壳聚糖纤维的应用

第四节　合成纤维

合成纤维是指采用来源于石油的小分子经聚合、缩合的化学合成方法生产的高分子长链聚合物，再经喷丝板喷出，经干燥湿法纺丝、干法纺丝或溶剂纺丝、熔融纺丝、乳液纺丝，生产合成长丝或短纤维。凝胶纺丝是一种新的工艺，用于一些高强度纤维的生产。喷丝板的形状和纺丝方法影响纤维的横截面形状。大多数喷丝板是常见的圆形开口，其他形状的喷丝板可用于生产具有特殊性能的纤维。

纺织面料中常用的合成纤维有：聚酯纤维（涤纶）、锦纶、腈纶、氨纶、丙纶（添加用）。此外，维纶和氯纶应用不多。

合成纤维的共同特征如下。

（1）一般来讲，合成纤维强力高、弹性和抗皱性好，免烫性好。

（2）合成纤维的一个更广泛的共同特征是热塑性或对热的敏感性。许多合成纤维是热塑性的，因此当暴露于热时，它们可能会收缩。

（3）合成纤维在纺丝后都经过热处理，使其"定形"为永久形状。不仅可以通过热定形使其尺寸永久不变，也可以通过热定形形成褶皱、折痕或其他永久形状，因而合成纤维织物的褶裥保持性好。

（4）合成纤维往往具有疏水性或耐水性，因此比天然纤维吸水性低。当合成纤维靠近皮肤时，较低的吸水性可能导致舒适度降低。此外，许多合成纤维在洗涤后会很快干燥，较低吸水性也会给后整理和染色带来困难。

（5）静电积聚在合成材料中很常见，易产生电击感。吸水性更强的天然纤维往往更易导电，更高的导电性不易产生电击感。

（6）合成纤维可能会起球，因为它们的强度高，纤维末端磨损后不易脱落。可在制造过程中对纱线进行一些特殊的纹理处理来减轻起毛起球现象。

（7）通常很难去除合成纤维面料上的油渍，因为它们对这些物质有亲和力。由于吸水能力低，污渍去除变得更加困难。一旦污渍渗透到纤维中，纤维对水和其他液体的抵抗力会阻止其在洗涤或清洁过程中去除污垢，因为当水被挡在外面时，污垢被保持在纤维内部。

许多上述特征可以通过特殊的后整理或纤维混纺来克服。

一、聚酯纤维——涤纶（Polyester）

关键词 强度高、抗皱、免烫、保形、耐穿、静电、起球、不吸湿、快干

聚酯原料是从石油里提炼出来的，是世界上产量最高的合成纤维。聚酯纤维与棉混纺可延长混纺服装的穿着寿命和免烫性。不同形式的聚酯被广泛用于制造各种长丝纱，如部分取向纱（POY）、聚酯拉伸变形纱（DTY）、聚酯全拉伸纱（FDY）、涤纶短纤维（PSF）、涤丝纱（PSY）、轮胎帘线和单丝纱。

1. 聚酯纤维的主要性能特征

（1）强度高，比黏胶纤维高20倍，且湿强度和干强度相差不大。

（2）弹性、抗皱性好，形态稳定，保形性好。

（3）容易起毛起球。

（4）耐热性、耐晒性和热塑性好。

（5）可经压烫整理成永久形状，不宜用热水洗涤。

（6）耐腐蚀性好，具有良好的化学稳定性，不易发霉和虫蛀。

（7）吸湿透气性差，回潮率仅0.4%。穿着有闷热感，易产生静电，易吸附灰尘。

（8）耐酸不耐强碱。

（9）染色性差，必须用分散染料在高温（120℃以上）、高压（0.2MPa以上）下溢流进行染色，如图1-27所示。

2. 聚酯纤维织物后整理的典型应用

（1）百褶裙、西服裤线。压烫热定形可形成永久

图1-27　高温高压溢流染色机

褶裥性，可制作百褶裙、西服裤线，如图1-28所示。

（2）涤纶仿丝绸。由于酯键对碱敏感，在碱处理过程中，首先是无定形区和结晶区表面的酯键水解，然后纤维中大分子聚集体整块脱落，造成纤维失重（称为碱减量处理），纤维变细，从而手感柔软、轻盈、悬垂性好，如丝绸般。碱处理使纤维表面形成凹槽，这种凹槽使纤维表面反射下降，织物光泽柔和，如图1-29所示。

（3）烂花布。涤纶长丝外包棉短纤维的包芯纱，织造的坯布用酸处理，生产烂花布，参见图1-1和第四章。

（4）摇粒绒、珊瑚绒、羊羔绒。利用超细旦聚酯纤维在经编机上织造坯布，经后整理加工成摇粒绒、珊瑚绒等，具有弯曲模量小、柔软性优异、纤维间覆盖性好、不掉毛、不起球、蓬松、弹性好、手感柔软等特点。摇粒绒及服装应用如图1-30所示，珊瑚绒如图1-31所示。

图1-28　压烫百褶裙和裤线褶裥　　　　　　　　图1-29　涤纶仿丝绸

图1-30　摇粒绒及服装应用　　　　　　　　图1-31　珊瑚绒

 注1-6　超细旦纤维： 一般把细度小于1旦的纤维定为细旦纤维，细度小于0.5旦的纤维定为超细旦纤维。

（5）再生环保聚酯纤维（RPET）面料。RPET是用回收料（PET饮料瓶等）经清洗、碎化成RPET切片，再拉丝成纤制得，虽然成本较普通PET聚酯切片高，但是广泛应用再生环保聚酯纤维能够节约石油的采用，减少空气污染，实现可持续发展，彰显社会责任感，成为绿色新时尚。2022年国际足联世界杯32支球队中有一半球队采用再生环保聚酯纤维的球衣。德国、阿根廷、西班牙、墨西哥和日本国家队球员版球衣舒适透气，含有50%的Parley海洋塑料。这种海洋塑料是一种由海洋回收塑料制成的环保材料，可回收再造及返还生态，形成全新的再循环体系，以防止它污染海洋。

二、聚酰胺纤维——锦纶（Nylon）

关键词 强度高、耐磨、耐疲劳、回潮率4%、染色鲜艳、耐碱怕酸、质轻、悬垂性差

锦纶也称尼龙，主要品种是锦纶6和锦纶66，两者的结构和性能相似。以锦纶6和锦纶66为原料织制的各类织物具有以下共同特征。

（1）强度高、断裂伸长率大，变形及变形回复能力强。

（2）耐磨性和抗疲劳性是合成纤维中最好的。

（3）锦纶回潮率4%，有一定的吸湿能力，染色性好。

（4）耐光性、耐热性和抗起毛起球性等服用性能不够理想，熨烫温度要低于93℃。

（5）锦纶耐碱怕酸，在硫酸、盐酸、硝酸和甲酸中都会溶解。

（6）悬垂性差，服装塑形性效果不好。

锦纶应用以长丝纱织物为主，因为锦纶强度高、耐磨、耐疲劳，可以用于制作袜子、手套、内衣、内裤、运动衣裤、滑雪衫、登山羽绒服（图1-32）等衣着用品。力学性能得到加强的长丝纱也可以制作轮胎帘子线、工业带材料、渔网、军用织物等。锦纶短纤维多用于与其他纤维混纺织成毛型织物。锦纶在服装面料中的典型应用有塔丝隆、锦涤纺、尼丝纺等面料和里料等，如图1-33所示。

图1-32　登山羽绒服

图1-33　尼丝纺里料

三、聚丙烯腈纤维——腈纶（Acrylic）

关键词 质轻、保暖、剩余伸长大、保形性差、耐气候

腈纶面料质轻，富有弹性，快干、可水洗，保温性好，耐气候性是合成纤维中最好的。在服装中，腈纶可纯纺也可与羊毛混纺，用于秋衣裤、背心、腈纶毛衫、训练服和慢跑服、毛绒玩具、大衣用人造毛皮等，如图1-34所示。腈纶的性能如下。

（1）手感像羊毛，体积蓬松，质轻，具有非常好的保温性。

（2）耐气候性好，可做户外帐篷和户外服装。

（3）受力拉伸后，虽去除外力，仍不能完全恢复原来长度，产生剩余伸长，因而服装的保形性差，长期穿着后，服装在膝盖和肘关节会产起拱形问题。

（4）回潮率小（1.2%~2%），比涤纶高，比锦纶低，不吸湿，易产生静电，易吸附灰尘。

图1-34　腈纶的应用

四、聚氨酯纤维——氨纶（Spandex）

关键词　高弹、耐酸碱、耐水洗、耐磨

聚氨酯纤维简称氨纶。莱卡®（Lycra®）是英威达（Invista）的注册商标，是全世界备受认可和欢迎的氨纶品牌，许多设计师和服装制造商在其产品中使用莱卡®。氨纶主要特征如下。

（1）氨纶以其优异的弹性、耐磨性而闻名，可以拉伸到其长度的近500%。

（2）氨纶不独立使用，而是与其他纤维混合使用，例如，氨纶弹力丝外包棉短纤维形成氨纶包芯纱，用作弹力牛仔布。

（3）氨纶耐化学降解，具有耐酸碱性、耐汗性、耐海水性、耐干洗性。

氨纶面料及其应用如图1-35所示。

图1-35　氨纶面料及其应用

五、聚丙烯纤维——丙纶（Polypropylene fiber）

关键词　质轻、不吸湿、导湿干爽、耐磨、耐酸碱、不耐日晒

以石油精炼的副产物丙烯为原料制得的合成纤维，聚丙烯纤维又称为丙纶。丙纶的类

型包括短纤维、长丝和膜裂纤维等（图1-36）。丙纶膜裂纤维是将聚丙烯先制成薄膜，然后对薄膜进行拉伸，使它分裂成原纤结成的网状而制得的。丙纶产品价格相对比其他合成纤维低廉。

图1-36　丙纶

丙纶的主要性能特征如下。

（1）短纤维强度为 $4\sim6g/$ 旦，长丝强度为 $5\sim8g/$ 旦，可以用作缆绳等，如超市的绑扎带。丙纶强度仅次于锦纶，但价格却只有锦纶的1/3。

（2）丙纶最大的优点是质轻，其密度仅为 $0.91g/cm^3$，是常见化学纤维中最轻的品种，所以同样质量的丙纶可得到比其他纤维更高的覆盖面积。

（3）丙纶不吸湿，一般大气条件下的回潮率接近于零，但芯吸能力很强，吸湿排汗作用明显，例如夏季牛仔裤面料的纱线可采用棉和丙纶混纺的方式增加排汗性。

（4）染色性较差，色谱不全。丙纶不吸湿导致染色性差，可以采用原液着色的方法来弥补不足。

（5）丙纶有较好的耐化学腐蚀性，除了浓硝酸、浓的苛性钠外，丙纶对酸和碱抵抗性能良好，所以可用作过滤材料和包装材料。

（6）丙纶耐光性较差，热稳定性也较差，不耐日晒，易老化，不耐熨烫。但可以通过在纺丝时加入防老化剂，来提高其抗老化性能。

（7）丙纶的电绝缘性良好，但加工时易产生静电。

（8）丙纶的导热系数较小，保暖性好。

（9）耐磨损、耐腐蚀，弹性也较好，可用作人工草坪、地毯等。

在民用方面，丙纶可以纯纺，用作地毯（包括地毯底布和绒面）、装饰布、家具布等。丙纶与羊毛、棉或黏胶纤维等混纺混织可制作各种衣料，如织袜、手套、针织衫、针织裤、蚊帐布等。在工业用方面，丙纶可制作工业滤布、绳索、渔网、建筑增强材料、吸油毡等。

丙纶夏季干爽服装如图1-37所示，丙纶地毯如图1-38所示，丙纶人工草坪如图1-39所示。

图1-37　丙纶夏季干爽服装

图1-38　丙纶地毯

图1-39　丙纶人工草坪

六、聚乙烯醇（缩甲醛）纤维——维纶（Vinylon）

关键词 吸湿、柔软、抗皱差、染色不鲜艳、不耐热水

聚乙烯醇（缩甲醛）纤维又称维纶，即通常所称的"维尼纶"。19世纪30年代由德国制成，生产维纶的原料易得，制造成本低廉，纤维强度良好，除用于衣料外，还有多种工业用途。但因其生产工业流程较长，纤维年产量较小；目前在服装上的应用已经不普遍。

维纶主要性能特征如下。

（1）吸湿性好，吸水性居所有合成纤维之冠，标准状态下，回潮率为4.5%～5%，吸湿率接近棉花的（8%）。

（2）柔软似棉，维纶的强度、耐磨性、耐晒性、耐腐蚀性都比棉花好，比锦纶、涤纶差，常被用作天然棉纤维的代用品，故又称"合成棉花"，由维纶制作而成的服装透气、吸汗，不会有闷热感，穿着十分舒适。维纶导热系数低，保暖性好。

（3）维纶的耐热水性能较差，若将其在水中煮沸3～4h，就可以使织物变形或部分溶解，染色不鲜艳。

（4）维纶织物易起皱，手感较硬。

维纶以短纤维为主，通常用于与棉、黏胶纤维等混纺。服装面料有细布、府绸、灯芯绒、可制作内衣、劳动服、棉毛衫裤、运动衫裤等。由于服用性能的限制，一般用来织制较低档的服用织物，维纶面料如图1-40所示。

图1-40　维纶面料

近年来，随着维纶生产技术的发展，维纶广泛用于水产、农业、交通运输、化工、橡胶等领域，如用作渔网、绳缆、帆布、包装材料、非织造过滤布、土工布等。

七、聚氯乙烯纤维——氯纶（Polyvinyl chloron fiber）

关键词 难燃、保暖、不吸湿、弹性好、不耐熨烫、耐晒、耐磨、耐蚀、耐蛀

聚氯乙烯纤维简称氯纶，是由聚氯乙烯或其共聚物制成的一种合成纤维。氯纶于1913年开始生产，原料丰富，成本低廉，生产流程短。

聚氯主要性能特征如下。

（1）由于氯纶的分子中含有大量的氯原子，所以具有难燃性。氯纶离开明火后会立刻熄灭，这种性能在国防上具有特殊的用途。

（2）氯纶强度约3g/旦，断裂延伸度为12%~28%，氯纶的强度接近于棉，断裂伸长率大于棉，弹性比棉好，耐磨性也强于棉。

（3）氯纶几乎不吸湿，染色困难，一般只可用分散性染料染色。

（4）氯纶耐酸碱、氧化剂和还原剂的性能极佳，因此，氯纶织物适宜做工业滤布、工作服和防护用品。

（5）氯纶质轻，保暖性好，适于作潮湿环境和野外工作人员的工作服。此外，氯纶的电绝缘性强，易产生静电。

（6）氯纶耐热性能差，在60~70℃时开始收缩，到100℃时分解，洗涤和熨烫时必须注意温度。

氯纶可以制造具有各种特殊用途的阻燃纺织品，如绳绒、帐篷以及防燃的沙发布、床垫布和其他室内装饰用布；耐化学药剂的工作服、工业滤布、绝缘布等。由于氯纶易产生和保持静电，故用它做成的针织内衣对风湿性关节炎有一定疗效。

由于氯纶染色性差，热收缩大，限制了它的应用，改善的办法是与其他纤维品种共聚或混纺。

八、芳纶（Kevlar）

关键词 超强韧、耐高温

20世纪60年代，美国杜邦公司研制出一种新型芳纶复合材料——芳纶1414，此芳纶复合材料注册商标为凯夫拉（Kevlar），型号分为K29、K49、K49AP等。

芳纶主要性能特征如下。

（1）具有极高的韧性，伸长率很低，只有4%左右。强度约为22g/旦，是同等重量钢丝强度的五倍多，是高韧性工业尼龙、聚酯纤维或玻璃纤维强度的两倍多。

（2）回潮率约为7%。

（3）在暴露于260℃的温度后仍保持高百分比的强度，560℃的高温下不分解、不熔化，热收缩率低、热稳定性好。

（4）对位芳纶质量轻、模量高、耐酸碱。

凯夫拉有多种应用，用途之一是防弹衣。用凯夫拉代替尼龙和玻璃纤维，在同样情况下，其防护能力至少可增加一倍，并且有很好的柔韧性，穿着舒适。用这种材料制作的防弹衣只有2~3kg，穿着行动方便。此外，利用凯夫拉优异的耐热性，可以制作消防服、防氩弧焊服等，如图1-41所示。

图1-41　凯夫拉在消防服、防氩弧焊服、防弹衣的应用

第五节　无机纤维

一、碳纤维（Carbon fiber）

关键词　质轻、高强、导电、耐高温、耐酸耐油

碳纤维指的是含碳量在90%以上的高强度高模量纤维。耐高温性能居所有化学纤维之首（图1-42）。碳纤维用腈纶和黏胶纤维做原料，经高温氧化碳化而成，是制造航天航空等高技术器材的优良材料。碳纤维主要性能特征如下。

（1）导电性能良好。

（2）比重轻，密度是钢的1/4，是铝合金的1/2。

（3）强度高，抗拉强度在3500 MPa以上，比强度为钢的10倍。

（4）模量高，弹性模量在230 GPa以上。

（5）耐超高温，在非氧化气氛条件下，可在2000℃时使用。

（6）耐低温，在-180℃低温下，碳纤维依旧具有弹性。

（7）耐酸、耐油、耐腐蚀、耐久性强。

（8）热膨胀系数小，导热系数大，耐急冷急热，即使从3000℃的高温突然降到室温也不会炸裂。

图1-42　碳纤维织物

碳纤维是一种高导电性材料，而是采用混纺、嵌织的方式，兼顾功能性和服用舒适性。因此碳纤维服装的导电能力取决于碳纤维是否能相互接触形成导电通路。

碳纤维可制作导电作业服，用作精密仪器使用场合的工作服以及加油站、油漆喷漆、化工车间电工操作服等。

以夏季防静电衬衫面料为例，如图1-43所示，坯布采用专用

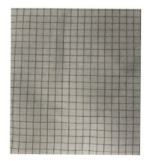

图1-43　嵌入碳素纤维的导电布

涤纶长丝，经向和纬向嵌入碳素导电纤维，经特殊工艺织成。如果用剪刀小心地沿着黑色导电纤维的边缘将面料剪开，并将这黑色的导电纤维分离出来，用放大镜观察，其中有3根比较粗的碳纤维，并用表面电阻测试仪测量分离出来的导电纤维的电阻。电阻为$5\sim9\Omega$。导电绸选用的是碳素导电纤维，是黑色20旦/5f纤维。坯布规格为网格状。

组织：$\frac{1}{2}$斜纹；

经线：100旦/48f涤纶FDY+20旦碳纤维；

纬线：100旦/48f涤纶FDY+20旦碳纤维；

经、纬密度：62×32根/cm；

克重：$122g/m^2$。

FDY：是指全牵伸丝，特点是丝平直、亮、无卷曲；100旦/48f是指涤纶单丝根数为48根，总纤度为100旦；20旦是碳纤维的纤度；克重是指每平方米122g。

在化工、油漆喷漆车间和电工场所的含导电碳纤维的工装应用如图1-44～图1-47所示。

图1-44　化工车间作业服　　　　图1-45　油漆喷漆　　　　图1-46　电工　　　图1-47　电焊作业服
　　　　　　　　　　　　　　　　　　　　作业服　　　　　　　作业服

此外，碳纤维价格昂贵，高强、质轻，单位质量的强度很高，纤维强度取决于纤维的取向度，碳纤维复合材料可以在某个方向上更强，或者在所有方向上都一样强。一个小零件可以承受许多吨的冲击，并且变形很小，使碳纤维在航空航天领域也有广泛的应用。纤维的复杂交织的特点使其很难断裂，这种特性可用于汽车、船只、自行车和飞机，包括流行的一级方程式赛车。

二、金属纤维（Metallic fiber）

关键词　静电屏蔽、导电、强韧

金属纤维直径一般均达微米级，如不锈钢纤维直径一般在$10\mu m$左右，且市场供应的细不锈钢纤维平均直径为$4\mu m$。

1. 主要种类

（1）金属箔/有机纤维复合纤维（金银丝）。我国生产的铝/涤复合纤维即属此类，也是具有代表性的一种。铝具有较好的导热性、导电性、抗氧化性，密度小，且熟铝的延展性好，可制成薄膜丝，与涤纶丝复合。铝箔丝最初应用于镶嵌装饰或工业方面，在我国有"金银丝"之称。

（2）金属化纤维。有机纤维表面镀有镍、铜、钴之类的金属物，并用丙烯酸类等树脂作为保护膜。金属化纤维经纺织加工成屏蔽布，可用来制作抗静电织物等，但尚存在金属膜的牢度问题，尤其要考虑相应的耐洗涤性能。

（3）纯金属纤维。纯金属纤维是具有本质意义的金属纤维，是全部用金属材料制成的纤维，如用铅、铜、铝、不锈钢等制成的纤维。用铅制成的铅纤维，质软而密度大，有着极为广泛的用途，如隔音、制振、防放射线及电池材料。铜纤维具有优良的导电性、导热性，可用于制备导电服等产品。不锈钢纤维是用不锈钢丝拉伸而成的纤维，柔韧性好，有良好的力学性能，耐硝酸、磷酸、碱和有机化学溶剂的腐蚀；耐热性好，其电阻随温度的提高而降低。

2. 主要性能特征和应用

（1）具有很好的导电性，能防静电。如果采用金属短纤维混纺，重量混纺比应在10%以下；如果采用金属纤维长丝，重量混纺比在2.5%以下，即可达到完全消除各种摩擦、感应等静电效应。

（2）金属纤维嵌入织物中，可获得良好的电磁屏蔽效果。

（3）断裂比强度和拉伸比模量较高，耐弯折，韧性良好。

（4）不锈钢纤维、金纤维、镍纤维等还具有较好的耐化学腐蚀性能。

金属丝面料如图1-48所示，服装应用如图1-49所示。

图1-48　金属丝面料

图1-49　金属丝面料的时装应用

第六节　新型特种纤维

一、石墨烯纤维（Graphene fiber）

关键词　导电、阻燃、抗菌、防紫外线

石墨烯纤维（图1-50）是将石墨烯原料以物理或化学方式附着到其他纤维类材料中制成的，石墨烯原料通过纺丝成形或纺织后加工整理到传统纺织纤维的表面或内部，可使纺织纤维获得特殊功能，从而制备多种具有不同性能的纺织品。

石墨烯纤维主要性能特征如下。

（1）石墨烯纤维具有优异的抗菌性，洗涤50次后，其抗菌率任能达到95%，同时具有防螨功能。

（2）石墨烯纤维不仅有吸湿速干的特性，同时还能改善血液微循环，促进新陈代谢。

（3）石墨烯纤维导电，阻燃，防紫外线。

石墨烯纤维可用于制作自发热内衣、保暖服装、抗菌用汗布等，如图1-51所示。

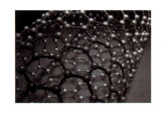

图1-50　石墨烯纤维

（a）自发热面料　　　（b）保暖服装　　　（c）抗菌用汗布

图1-51　石墨烯纤维的应用

二、变色纤维（Chromotropic fiber）

关键词　变色、光敏、温敏

变色纤维具有特殊组成或结构，在受到光、热、水分或辐射等外界条件刺激后可以自动改变颜色。

变色纤维主要品种有光致变色和温致变色两种。光致变色指某些物质在一定波长的光线照射下可以产生变色现象，而在原波长的光线照射下又会发生可逆变化回到原来的颜色；温致变色则是指通过在织物表面黏附特殊微胶囊，利用这种微胶囊可以随温度变化而颜色变化的特性，而使纤维产生相应的色彩变化，并且这种变化是可逆的。

图1-52为光变绣花旗袍，用光变绣花线绣制，在室内为白色，在室外变为粉红色；

图1-53为光变欧根纱；图1-54为光变童裙，室内外颜色不同；图1-55为温感变色面料及T恤衫。

> **注 1-8　欧根纱：**是一种利用经、纬密度变化形成的局部透明或者半透明的丝绸类面料。

图1-52　光变绣花旗袍

变色前　变色后

图1-53　光变欧根纱　　图1-54　光变童装

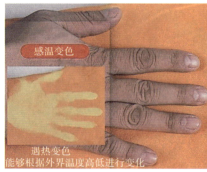

感温变色

遇热变色
能够根据外界温度高低进行变化

图1-55　温感变色面料及T恤衫

三、夜光纤维（Graphene fiber）

关键词　多色、夜光

夜光纤维通常是指利用稀土发光材料制成的功能性环保新材料（图1-56）。该纤维是以纺丝原料为基体，采用长余辉稀土铝酸盐发光材料，经特种纺丝制成夜光纤维。夜光纤维吸收可见光10min，便能将光能蓄贮于纤维之中，在黑暗状态下持续发光10h以上。在有光照时，夜光纤维呈现出各种颜色，如红、黄、绿、蓝等。在黑暗中，夜光纤维发出各种色光，如红、黄、蓝、绿等。夜光纤维色彩绚丽，且不需染色，是环保高效的高科技产品。

夜光纤维不仅余辉亮度高、时间长、色谱和光谱全，且具有良好的纺织加工性能。夜光纤维采用

图1-56　夜光纤维

低弹丝或全牵伸丝，具有弹性和延伸性好的服用性能，经合理的织物组织和经纬密配合，在保证舒适、透气的基础上，还具有夜晚发光的功能性和装饰性的效果。夜光纤维具有特殊的视觉效果，常用于具有民族特色的刺绣工艺中，有利于刺绣品的创新，以提高其艺术、商业及收藏价值。在服装设计中，服装绣花受到设计师和消费者的青睐。用夜光纤维作为绣花线，配以合适的图案，可以使服装更加美观和更具有个性。

　　在家居用品方面，采用夜光纤维做成发光窗帘、拖鞋、地毯等，即使在暗处仍然十分明显，便于人们的夜间活动。夜光纤维也可用于各类毛绒玩具及其他玩具装饰品的设计中，比如玩具娃娃的皮肤、头发、眼睛、服装等，赋予玩具形象面貌，供观赏和娱乐。夜光面料及其应用如图1-57～图1-59所示。

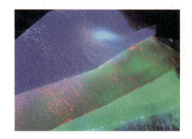　　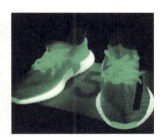

图1-57　夜光面料　　　　　　　图1-58　夜光蕾丝面料　　　　　图1-59　夜光夜跑鞋

四、形态记忆纤维（Polypropylene terephthalate）

关键词 智能记忆、形态稳定

　　形态记忆纤维一次成型时能记忆外界赋予的初始形状，定型后的纤维可以任意地发生形变，并在较低的温度下将此形变固定下来，当给予变形的纤维特定的外部刺激条件时，记忆纤维还可回复到原始的形状，也就是说，最终的产品具有对纤维最初形态记忆的功能，这是因为纤维呈弹簧螺旋状结构，如同有智能记忆。

　　常用的形态记忆纤维有聚对苯二甲酸丙二醇酯（PPT）、聚对苯二甲酸乙二醇酯（PET）以及聚对苯二甲酸丁二醇酯（PBT），同属聚酯家族，PTT的结构如图1-60所示。

$$n\ HO-\overset{\overset{\displaystyle H}{|}}{\underset{\underset{\displaystyle H}{|}}{C}}-\overset{\overset{\displaystyle H}{|}}{\underset{\underset{\displaystyle H}{|}}{C}}-\overset{\overset{\displaystyle H}{|}}{\underset{\underset{\displaystyle H}{|}}{C}}-OH+n\ HO-\underset{O}{\overset{}{C}}\!\!\bigcirc\!\!\overset{OH}{\underset{O}{C}}\rightarrow \Big[O-\underset{O}{\overset{O}{C}}\!\!\bigcirc\!\!-CH_2-CH_2CH_2\Big]_n$$

多亚甲基丙二醇　　　　　　　　对苯二甲酸　　　　　　　　　　PTT

图1-60　PTT的结构图

　　形态记忆纤维面料融记忆性能和时尚感于一体，提升了面料的廓型稳定性、线条形态受力回复性、手感活络性。

形态记忆纤维的主要性能特征如下。

（1）兼有涤纶和锦纶的特点，有较好的弹性回复性和抗褶皱性，耐磨手感滑爽。

（2）洗可穿性好，像涤纶一样易洗快干，并有较好的耐污性。

（3）抗日光性好。

（4）染色性好，比涤纶的染色性能好，可在常压下染色，对环境的污染较少，色牢度高。

形态记忆纤维主要应用于男女风衣、夹克、时装面料等。形态记忆纤维面料如图1-61所示。

图1-61　PTT记忆面料

五、相变智能空调纤维（Outlast）

关键词 相变、固液转换、调温

相变智能空调纤维可根据周边环境温度变化调节纤维内部温度。当外部环境温度升高时，纤维可储存一定的能量；当外部环境温度降低时，纤维可释放热能，减小纺织品内部温度波动，持续使用具有舒适性。

相变智能空调纤维最初用于宇航员登月服，后用于户外服装，如滑雪衫、毛衣等，当环境温度在20～39℃时，该纤维可调节穿着者温度在25～30℃。

相变智能空调纤维的相变调温原理如下：使用物体相变所产生的吸热和放热功能，在纤维的生产过程中把纳米微胶囊（PCM）植入纤维中，在温度达到一定值时，纳米微胶囊发生物理形态转化（固体—液体），从而实现吸热和放热功能（图1-62）。

Outlast空调纤维是一种新型"智能"纤维，具有双向调温功能。目前主要有Outlast腈纶和Outlast黏胶纤维两个品种，纤维中含有微胶囊热敏相变材料——碳化蜡，这种材料在相转变过程中可从周围环境中吸收或释放大量的热量，从而保持自身温度相对恒定，其制成的工作装冬暖夏凉，使穿着保持在舒适的温度范围。

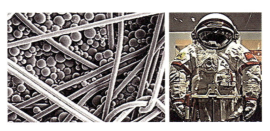

图1-62　Outlast空调纤维及其在登月服上的应用

Outlast空调纤维技术的关键在于使相变材料和仿丝技术相结合。Outlast空调纤维服装如图1-63所示。

图1-63　Outlast 空调纤维服装

六、吸湿发热纤维（Hygroscopic fever fiber）

关键词　吸湿、放热、保湿、防静电、抑菌、防霉、防臭

吸湿发热纤维是主动产热、放热的材料，与传统厚重的保暖面料相比，主动发热面料更加轻便雅观，保暖效果更好。除用于日常保暖外，吸湿发热纤维还可用于防护急救、医疗卫生、智能穿戴等领域，目前市场上流行的德绒（Dralon）属于此类面料。

1. 吸湿发热纤维的制备原理

吸湿发热纤维是气态转变液态放热而温暖身体的一种全新材料，吸湿发热纤维吸收外界环境或人体产生的水汽，形成氢键放出热量，水分子动能也转换为热能。日本对吸湿发热纤维的研究较为成熟，形成了Softwarm 纤维、N38纤维、EKS纤维等；美国开发的吸湿发热纤维有Thermolite纤维等；我国开发有共混纺吸湿发热黏胶纤维、改性发热腈纶。常采用的制备方法如下。

（1）合成吸湿发热纤维。通过增加纤维大分子链上的亲水基团，来提高纤维的吸湿性能，实现吸湿发热，如改性聚酯、改性聚丙烯腈等纤维，以及接入高吸水基团的高度交联聚丙烯酸酯类纤维和亚丙烯酸盐类纤维等。

（2）与其他纤维混纺。仅采用吸湿发热纤维难以实现兼具轻薄、透湿及其他服用性能的吸湿发热服装，可将吸湿性较强的纤维与具有独特物理性能的纤维进行混纺，如铜氨纤维与超细旦抗起球腈纶，可以兼具吸湿发热及蓬松保暖等服用性能。用吸湿快干的聚酯纤维、吸湿性好的黏胶纤维、蓬松保暖的腈纶和弹性好的氨纶构成的吸湿发热面料，兼具弹性、轻柔、吸湿发热、快干、透湿等性能。

2. 吸湿发热纤维的性能

（1）FZ/T 73036—2010《吸湿发热针织内衣》规定了吸湿发热内衣应满足两项升温值指标，即最高升温值不低于 4 ℃，30min 内平均升温值不低于 3 ℃。

（2）通常吸湿率都达到30%，纤维在湿润时吸收转换水分，干燥时就会释放水分。保存人体水分，对皮肤干裂等有很好的改善作用。

（3）纤维含水量高，具有导电的功能。

（4）具有很强的消臭能力。

（5）纤维表面形成正电，破坏带负电的细菌壁，使细菌无营养来源，从而实现抗菌。

（6）霉菌是真菌的代表，有效地抑制霉菌的产生对面料十分重要，纤维合理配比可以产生防霉效果。15% 吸湿发热纤维，通过SGS标准水洗10次测试，仍具有优良的防霉效果。

吸湿发热纤维面料应用如图1-64所示。

图 1-64　吸湿发热纤维面料应用

目前市场上有很受欢迎的Dralon，是德国拜耳公司开发的"自发热"吸湿发热面料，Dralon 又称拜耳腈纶。以腈纶为主，混纺一定比例的氨纶和涤纶，还会混纺一定比例的黏胶纤维，使面料有一定的透气性能，也称钻石绒面料。

第二章
纺织服装用纤维识别与应用

面料中纤维成分的识别方法包括手感目测法、燃烧法、加热法、显微镜观测法、化学溶解法、试剂着色法等，其中燃烧法、显微镜观测法和试剂着色法用于纤维的定性鉴别，化学溶解法可用于纤维的定性和定量测量。

第一节　手感目测法识别纤维

手感目测法是通过目测纤维形态和手感，粗略进行纤维种类的主观定性判别，还必须结合其他方法进一步确认，判断结果准确与否也与分析者的经验和知识密切相关。

一、试验准备

先根据织物经向、纬向分别拆出经纱、纬纱，将纱线用缝衣针、分析针等分离出单纤维。

二、特征识别

根据表 2-1 所列纤维特征，结合纱线和面料实物特征，进行感官识别。

表 2-1　面料中纤维的手感目测特征

纤维种类	手感目测
棉	光泽暗淡，纤维细短，长度整齐度较差，天然卷曲，手感柔软，弹性较小
麻	纤维粗硬，呈小束状，纤维比棉长，较平直，无卷曲，弹性差
蚕丝	连续的长丝，面料柔软光滑
羊毛	光泽柔和，有弹性，手感温暖，不易起皱，回复快
黏胶纤维	光泽好，吸水率大，手感柔软、平滑，易起皱，沾水后一拉就断，吸水后下沉快
涤纶	手感强韧、弹、滑，面料挺括、亮，吸湿差（放进水杯，取出后干燥迅速）
锦纶	强度高，弹性好，光滑，质地轻，有凉爽感
腈纶	光泽好，比棉轻，有柔软蓬松感，像羊毛，用手揉搓时会有轻微响声
维纶	形态与棉纤维类似，但不如棉柔软，弹性差，有凉爽感
丙纶	面料浮在水上，完全不吸湿，强度较高，手感硬、滑，有蜡状感
氯纶	手感温暖，摩擦易产生静电，弹性和光泽较差
氨纶	弹性和伸长率大，其伸长率可达到400%~700%
铜氨纤维	光泽柔和，具有磨砂真丝感，手感柔软，吸湿透气，抗静电，悬垂性佳
醋酯纤维	具有真丝感，手感柔软，吸湿透气，清爽，抗静电，悬垂性佳
莫代尔纤维	强度高、细腻、光滑，手感柔软，悬垂性好，不易起皱
莱赛尔纤维	真丝般的触感，但不如真丝亮滑，爽滑飘逸，外观和手感介于棉和真丝之间
竹纤维	柔软光滑，有凉爽感，亮，悬垂性好

三、识别技巧

（1）经纬纱要分别分析，因为织物可能是由经纬纱原料不同的纤维交织而成。例如大提花家纺面料，有可能是棉作经纱、真丝作纬纱的交织织物。

（2）纱线要结合放大镜观察，分离成单纤维形式，因为纱线可能是不同种类纤维混纺而成。

（3）结合纱线形态、面料风格和织造工艺进行纤维识别。例如，麻织物纱线粗细不匀，有麻节，如图2-1所示；黏胶纤维湿强力低，纱线沾水后一拉就断；色织绒布一般是以棉纤维为原料（图2-2），因为棉纤维柔软、亲肤、有温暖感，而化纤坯布磨绒后容易起球，故不采用涤纶等合成纤维。再结合面料手感、质地判断，但不是所有的色织绒布都是纯棉品种，仅仅是色织工艺生产的机织绒布一般为纯棉品种。

图2-1　麻织物的麻节

图2-2　色织绒布

第二节　燃烧法和加热法识别纤维

燃烧法鉴别纤维

一、燃烧法

适合单一组分纯纺织物的纤维鉴别，如果是混纺织物，则试验结果仅能表明面料中含有该成分，而且不同的纤维燃烧时的现象不同，从而对纤维的识别产生干扰。纯纺织物的纤维燃烧特征见表2-2。

表2-2　纯纺织物的纤维燃烧特征

纤维名称	靠近火焰	接触火焰	离开火焰	燃烧气味	灰烬特征
棉、麻	熔融不收缩	快速燃烧，黄色火焰	续燃较快	烧纸气味	灰色或灰白色，量少而细软，手触成粉末状

纤维名称	靠近火焰	接触火焰	离开火焰	燃烧气味	灰烬特征
羊毛	收缩不熔融	燃烧缓慢，冒烟	不易续燃	烧毛发气味	松而脆的黑褐色灰烬，手指一压就碎
蚕丝	收缩不熔融	燃烧缓慢	不易续燃	烧毛发气味，比羊毛味轻	
黏胶纤维	立即燃烧	燃烧速度极快	续燃极快	烧纸气味	灰烬很少，呈灰白色，质地细腻
醋酯纤维	熔融	熔融燃烧	边熔边燃	醋味	黑色有光泽的硬块，极易压碎
涤纶	蜷缩，立即熔融	熔融燃烧，无烟，黄白色很亮火焰	较难续燃，会自熄	有特殊的芳香味	黑硬圆珠，不易压碎
锦纶	迅速蜷缩，熔融	熔融燃烧，熔成透明胶状物，有白烟	较难续燃，会自熄	有芹菜味	趁热可拉丝，褐色硬珠，坚硬，不易压碎
腈纶	收缩后熔融，继而燃烧	缓慢燃烧，火焰呈白色，有闪光，有黑烟	继续燃烧，冒黑烟	有煤焦油似的辛酸味或鱼腥味	硬脆黑色不定形块状物或圆球，脆而易碎
维纶	收缩软化而燃烧	缓慢燃烧，冒浓黑烟	缓慢停燃	有特殊甜味和刺激气味	黑棕褐色不定形块状物，硬而脆
丙纶	蜷缩，熔融	熔融，缓慢燃烧，黄火焰	继续缓慢燃烧	轻微沥青气味	无灰烬，透明硬块，可压碎
氯纶	收缩软化，难燃	熔融，缓慢燃烧	会自熄	有刺鼻的氯气味	不规则黑色硬块
氨纶	不收缩，不熔融	熔融燃烧	熔融燃烧	有刺激气味	黑色，质软而松散

二、加热法

将纤维试样放入试管中进行加热，用经水湿润过的pH试纸在试管中检验热解释放出气体的酸碱性，进而确认纤维的种类：

（1）呈酸性：棉、麻、黏胶纤维、铜氨纤维、醋酯纤维、维纶等。

（2）呈中性：丙纶、腈纶。

（3）呈碱性：羊毛、蚕丝、锦纶、经甲醛树脂处理过的黏胶纤维等。

第三节　显微镜观测法识别纤维

一、显微镜切片制作方法

纤维形态观察

显微镜切片制作时，需要先制作纤维切片才能放到显微镜下观察判断，常采用哈式切片仪法、铝片穿孔法和封蜡浇铸法等方式。

（一）哈式切片仪法

1. 仪器、用具和试剂

采用哈式切片仪制作切片所采用的仪器、用具和试剂为：哈式切片仪、火棉胶溶液、双面刀片、显微镜等（图2-3）。

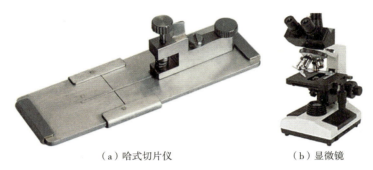

（a）哈式切片仪　　　　　　　　（b）显微镜

图2-3　哈式切片仪与显微镜

2. 哈式切片仪结构（图2-4）

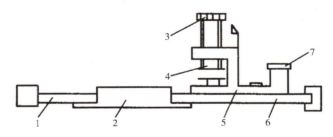

图2-4　哈式切片仪结构

1—左底板　2—侧支架　3—匀给螺钉　4—匀给器　5—匀给架　6—右底板　7—定位螺钉

3. 切片制作步骤

（1）将匀给螺钉逆时针转动，使匀给器与右底板不接触。

（2）将定位螺钉轻轻拔起，使匀给器转动一定角度，以便将试样放入切片器的缝隙中。

（3）将左、右底板拉开，使试样平行嵌入右底板的缝隙中，将左底板沿导槽推进，扣紧，夹紧试样，如图2-5所示。

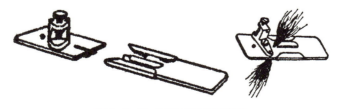

图2-5　哈式切片仪操作示意图

（4）在缝隙处将一小滴火棉胶溶液滴入试样，待胶液充分浸入并蒸发干后，用刀片切去，露出试样。

（5）调节匀给螺钉，使试样露出底板，再在试样表面薄薄地涂上一层胶液。

（6）待胶液蒸发干后，用刀片将试样从底板切掉并丢弃。

（7）使用匀给螺钉控制切片厚度，用同样的方法相继切出第二、第三片试样。

（二）铝片穿孔法

哈氏切片仪可以切制较薄的切片，但是哈氏切片仪法切片仪技术较难掌握，成功率低，为避免纱线切片中纤维彼此分离脱散，需要两次使用火棉胶溶液胶合纱线内纤维，并待其自然蒸发干燥，费时费力。采用铝片穿孔法制作显微镜浆纱切片，制作方法简便，易掌握，无须火棉胶溶液，制作时间短，3min即可完成，且一次可制作两个纱切片，并且一块显微镜载板上可以同时存储多个切片，代表性强，操作简便，成功率高；缺点是切片较厚。

1. 用具

铝片穿孔法制作纱线切片所用的用具：铝片（厚约1mm，上面钻有直径1.0mm的小孔）、综丝、刀片等。

2. 切片制作的步骤

（1）将一束经纱合并弯成U形，用对折的金属丝将经纱束弯折成V形，如图2-6所示，类似穿针引线的方法穿过金属片的圆孔，如图2-7所示，注意要使纱线束充分充满整个金属孔，即纱束通过金属孔时应该具有很大阻力，勉强通过为宜，这样大大增加了金属孔内壁对纱束的向心力，避免孔内纱束在刀片切割力作用下从孔中脱出。

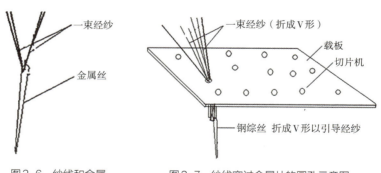

图2-6　纱线和金属　　　　　图2-7　纱线穿过金属片的圆孔示意图
丝弯折示意图

（2）用锋利的刀片沿铝片的正反两表面切去外露的纱束，只留下小孔中的纱束切片。

（三）封蜡浇铸法

1. 用具和试剂

石蜡（熔点58~60℃）、坩埚（容量150 mL左右）、镊子、双面刀片、载玻片、吸水纸。浇蜡模型用0.5mm厚的不锈钢或铜皮制成，如图2-8所示。

2. 封蜡操作步骤

（1）先将石蜡放在坩埚中加热，直到石蜡冒白烟为止，然后将其冷却凝固，使用时只要将其熔化即可。

（2）把一小束试样纱轻轻夹在浇蜡模型（图2-8）上的细缝中，使其伸直。

（3）将60℃液态石蜡注入浇蜡模型，使其液面稍高于纱线。

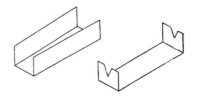

图2-8　浇蜡模型

（4）待石蜡冷却凝固后，取出已有浆纱的蜡块，用刀片削去纱束四周的石蜡。

（5）将上述纱束按横截面方向仔细地切成薄片（越薄越好），将薄片用镊子夹至载玻片上，在显微镜下进行观察。

二、显微镜下各种纤维形态特征

1. 棉

关键词　纵向呈扁平带状的天然卷曲、横截面耳形，有中腔

棉纤维呈细长、不规则、卷曲状而且是扁平的管状，有凹陷坍塌的腰圆形或耳形空腔位于纤维中心。棉纤维微观形态特征如图2-9所示。

（a）纵向形态　　　　（b）横向形态

图2-9　棉纤维微观形态特征

2. 亚麻

关键词　纵向有麻节，横向多边形

亚麻纤维横截面为多边形，具有圆形的边缘，显示出大的空腔和相对薄的细胞壁，纵向有麻节。亚麻纤维微观形态特征如图2-10所示。

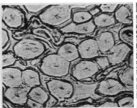

（a）纵向形态　　　　　　　　（b）横向形态

图2-10　亚麻纤维微观形态特征

3. 苎麻

纤维较粗，有纵向条纹及竹状横节，横截面为腰圆形，有中腔

苎麻纤维的横截面呈不规则椭圆形或扁圆形，亦有呈椭圆形或不规则形的中腔，横截面上细胞壁比较厚，有时可见到辐射状的条纹；纵向呈天然扭曲，表面有纹节、裂纹。苎麻纤维微观形态特征如图2-11所示。

（a）纵向形态　　　　　　　　　（b）横向形态

图2-11　苎麻纤维微观形态特征

4. 羊毛

横向为圆形或椭圆形，表面有鳞片

羊毛是一种含有18种氨基酸的蛋白质纤维，纤维的横截面形状略呈椭圆形或圆形。羊毛微观形态特征如图2-12所示。

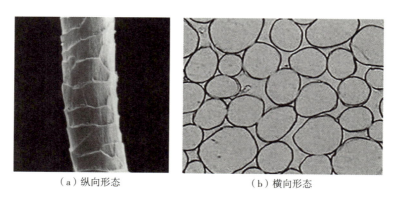

（a）纵向形态　　　　　　　　　（b）横向形态

图2-12　羊毛微观形态特征

5. 马海毛

似羊毛，鳞片不重叠

马海毛的横截面为圆形，直径范围为10～90μm。马海毛纤维外观形态与绵羊毛纤维类似，但绵羊毛的鳞片轮廓清晰，鳞片较厚，边缘翘角大，而马海毛纤维的鳞片较薄、模糊不清，鳞片平阔，呈瓦状覆盖。紧贴于毛干，很少重叠，故纤维表面光滑，具有天然闪亮色泽，纤维很少弯曲。马海毛微观形态特征如图2-13所示。

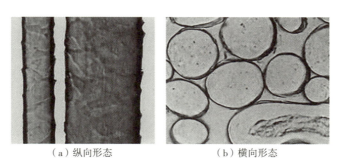

（a）纵向形态　　　　　　　　（b）横向形态

图2-13　马海毛微观形态特征

6. 羊绒

关键词 纤维细，鳞片薄

　　羊绒具有非常小的、几乎不突出的鳞片。羊绒纱线的表面鳞片比羊毛薄，多呈环状包覆在毛干上，而羊毛的鳞片较厚，呈镶嵌状，且羊绒鳞片覆盖毛干的密度比羊毛小，因此羊绒与羊毛的手感不同，羊绒手感滑爽，而羊毛手感相对粗糙。通过扫描电子显微镜观察发现，羊毛末梢鳞片边缘厚度明显大于羊绒，如果纤维的鳞片厚度大于$0.55\mu m$，则认定为羊毛。羊绒微观形态特征如图2-14所示。

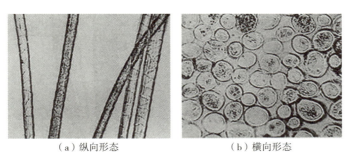

（a）纵向形态　　　　　　　　（b）横向形态

图2-14　羊绒微观形态特征

7. 羊驼毛

关键词 纵向鳞片细薄、横向圆形，髓质连续，有中腔

　　羊驼毛横截面为圆形至椭圆形，髓质狭窄且连续，大多由鳞片层、皮质层和髓质层组成。通过显微镜和细度仪观察，发现鳞片呈环状或斜条状。羊驼毛的髓质层是贯通的，根据这一特点比较容易和其他特种动物区分开来。羊驼毛微观形态特征如图2-15所示。

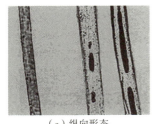

（a）纵向形态　　　　　　　　（b）横向形态

图2-15　羊驼毛微观形态特征

8. 兔毛

关键词 髓腔多列，呈断续状和梯状

兔毛的鳞片较小，与纤维纵向呈倾斜状，兔毛的鳞片呈"人"字形紧密排列，层层覆盖。兔毛横截面呈圆形、近似圆形或不规则四边形，有髓腔。髓腔呈断续状和梯状。随着兔毛粗细的不同，其髓腔有单列、双列、三列、四列，有的甚至可以达十列以上，而且纤维直径越粗，其髓腔的列数就越多。兔毛纤维这种独特的鳞片结构和其他几种特种动物纤维有比较明显的区别，因此最容易鉴别。兔毛微观形态特征如图2-16所示。

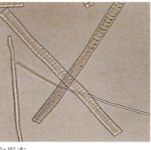

（a）纵向形态　　　　　　　　　　　　（b）横向形态

图2-16　兔毛微观形态特征

9. 驼绒

关键词 纵向鳞片少，边缘光、有色斑、横向圆形有色斑

驼绒的纵截面：鳞片较少，呈不完全覆盖的线状斜条纹，边缘光滑，鳞片有光泽，紧贴于毛干，有髓腔，有色斑。驼绒的横截面呈圆形或近似圆形（有色斑），有髓腔。驼绒微观形态特征如图2-17所示。

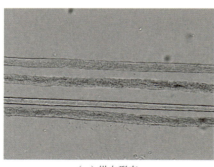

（a）纵向形态　　　　　　　　　　　　（b）横向形态

图2-17　驼绒微观形态特征

10. 牦牛绒

关键词 纵向鳞片细密，呈环状，横向近似圆形，有色斑

牦牛绒的纵截面表面鳞片细密，牦牛绒绒毛纤维鳞片呈环状，紧贴毛干，条干不均匀。牦牛绒的横截面呈椭圆形或近似圆形，有色斑。牦牛绒微观形态特征如图2-18所示。

（a）纵向形态　　　　　　　　　　（b）横向形态

图2-18　牦牛绒微观形态特征

11. 貉子毛

关键词　纵向粗细均匀，横向有间断性髓腔

貉子毛粗细均匀，但纤维边缘凹凸不平，少部分有间断性髓腔。貉子毛微观形态特征如图2-19所示。

（a）纵向形态　　　　　　　　　　（b）横向形态

图2-19　貉子毛微观形态特征

12. 狐狸毛

关键词　纵向粗细均匀，横向有间断性髓腔

狐狸毛的纵截面形态为环状，纤维粗细均匀，边缘光滑且整齐，鳞片细长，紧贴毛干，鳞片间距比貉子毛密。狐狸毛几乎都有髓腔，且髓腔比例占整个纤维的比例较大。狐狸毛横截面形态为哑铃形和椭圆形。狐狸毛微观形态特征如图2-20所示。

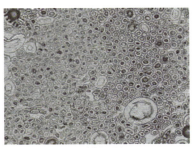

（a）纵向形态　　　　　　　　　　（b）横向形态

图2-20　狐狸毛微观形态特征

13. 蚕丝

关键词　纵向有光泽，横截面三角形

蚕丝纵向有光泽，横截面形态为三角形或多边形，边缘呈圆形。蚕丝微观形态特征如图2-21所示。

（a）纵向形态　　　　（b）横向形态

图2-21　蚕丝微观形态特征

14. 黏胶纤维

关键词　横截面锯齿形

黏胶纤维纵向表面平滑，有清晰条纹，横截面呈锯齿形。黏胶纤维微观形态特征如图2-22所示。

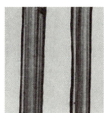

（a）纵向形态　　　　　　　　（b）横向形态

图2-22　黏胶纤维微观形态特征

15. 聚酯纤维（涤纶）

关键词　玻璃棒形

聚酯纤维常见纵向为圆柱形，似玻璃棒，有的有小黑点，表面光滑，横截面为圆形。聚酯纤维的横截面也可为异形形状，如三角形、星形、Y形等。聚酯纤维微观形态特征如图2-23所示。

（a）纵向形态　　　　　　　　（b）横向形态

图2-23　聚酯纤维微观形态特征

16. 锦纶

关键词 玻璃棒形

锦纶纵向表面光滑，有小黑点，横截面为圆形或近似圆形及各种异形行状，如图2-24所示。

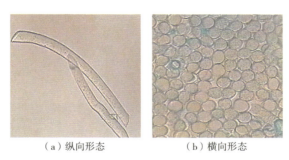

（a）纵向形态　　　　　　　（b）横向形态

图2-24　锦纶微观形态特征

17. 腈纶

关键词 横截面呈哑铃状

腈纶纵向表面平滑，有1~2根沟槽或条纹，干法纺丝横截面呈哑铃形，湿法纺丝横截面接近圆形或豆形，甚至稍具细齿。腈纶微观形态特征如图2-25所示。

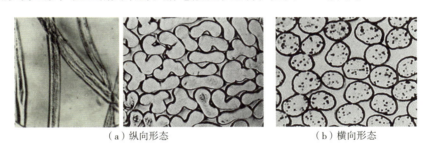

（a）纵向形态　　　　　　　（b）横向形态

图2-25　腈纶微观形态特征

18. 莱赛尔纤维（天丝）

关键词 横截面近似土豆圆形、纵向光滑有光泽

莱赛尔纤维的纵向条干更为立体、厚实，部分纤维表面有细小刻痕。莱赛尔纤维微观形态特征如图2-26所示。

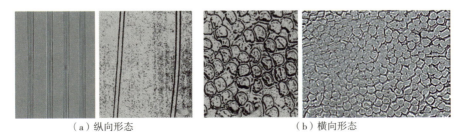

（a）纵向形态　　　　　　　（b）横向形态

图2-26　莱赛尔纤维微观形态特征

19. 莫代尔纤维

关键词 纵向表面光滑，有色点，有沟槽

莫代尔纤维纵向表面光滑，有色点，有1~2条沟槽，横截面为哑铃形、石块形。莫代尔纤维微观形态特征如图2-27所示。

（a）纵向形态　　　　　（b）横向形态

图2-27　莫代尔纤维微观形态特征

20. 竹纤维

关键词 形似竹子，有中腔

竹纤维粗细不匀，有长形条纹及竹节状横节，横截面形态有中腔，呈腰圆形、多边形。竹纤维微观形态特征如图2-28所示。

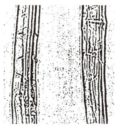 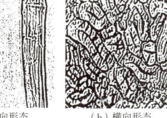

（a）纵向形态　　　　　（b）横向形态

图2-28　竹纤维微观形态特征

21. 铜氨纤维

关键词 纵向细腻、柔和，横截面多边形近似圆形

铜氨纤维的横向截面形态与莱赛尔纤维几乎相同，故二者形态比较难区分。莱赛尔纤维的纵向条干更为立体、厚实，部分纤维表面有细小刻痕，而铜氨纤维的纵向条干更为细腻、柔和，一般没有刻痕。铜氨纤维微观形态特征如图2-29所示。

（a）纵向形态　　　　　（b）横向形态

图2-29　铜氨纤维微观形态特征

22. 氨纶

纵向表面平滑，纵向圆形或近似圆形

氨纶纵向表面平滑，有些呈骨形条纹，横截面为圆形或近似圆形。

氨纶纵向形态特征如图2-30所示。

23. 醋酯纤维

纵向表面有条纹，横向有凹凸纹

醋酯纤维纵向表面有条纹，横向有凹凸纹。

醋酯纤维微观形态特征如图2-31所示。

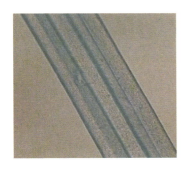

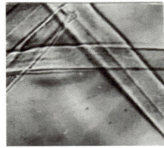
（a）纵向形态

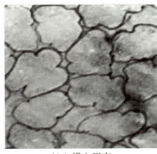
（b）横向形态

图2-30　氨纶纵向形态　　　　　图2-31　醋酯纤维微观形态特征

第四节　化学溶解法识别纤维

　　由于很多合成纤维在显微镜下的形态相似，化学溶解法是一种十分有效的鉴别合成纤维类别的方法。利用不同浓度的化学试剂，结合不同的试验条件（时间、温度）溶解纤维，以确定纤维的种类。

一、实验仪器、试剂和材料

　　各种未知纤维、纱线或织物；盐酸、硫酸、间甲酚、氢氧化钠、二甲基甲酰胺（DMF）、二甲苯等；酒精灯、试管等。

二、测试原理

　　化学溶解法是利用各种纤维在不同温度、化学溶剂下的溶解性能来鉴别纤维的方法。

三、测试方法

将少量纤维放入试管中，注入某溶剂，常温或沸煮5min，用玻璃棒搅动，观察纤维在溶液中的溶解情况，如溶解、部分溶解和不溶解等。由于溶剂浓度和加热温度不同，纤维的溶解性能表现不一。因此用化学溶解法鉴别纤维时，应严格控制溶剂浓度和加热温度，同时要注意纤维在溶剂中的溶解速度。若混合成分的纤维或纤维量极少，可在显微镜载物台上放上具有凹面的载玻片，然后在凹面处放入试样，滴上溶剂，盖上盖玻片，直接在显微镜中观察，根据不同的溶解情况，判别纤维的种类。

化学溶解法适用于各种纺织纤维，包括染色纤维或混纺纱线与织物。此外，化学溶解法还广泛用于分析混纺产品中的纤维含量。常见纤维在化学溶剂中的溶解性能见表2-3。

表2-3　常见纤维在化学溶剂中的溶解性能

纤维	试剂								
	盐酸	盐酸	硫酸	硫酸	硫酸	氢氧化钠	甲酸	间甲酚	二甲苯
	20%	37%	60%	70%	98%	5%	85%	浓	
棉	I	I	I	S	S	I	I	I	I
毛	I	I	I	I	I	S	I	I	I
蚕丝	SS	S	S	S	I	S	I	I	I
麻	I	I	I	S	S	I	I	I	I
黏胶纤维	I	S	S	S	S	I	I	I	I
涤纶	I	I	I	I	S	SS	I	S	I
锦纶	S	S	S	S	S	I	S	S	I
腈纶	I	I	I	SS	S	I	I	I	I
维纶	S	S	S	S	S	I	S	S	I
丙纶	I	I	I	I	I	I	I	I	S
氯纶	I	I	I	I	I	I	I	I	I

注　S—溶解，I—不溶解，SS—微溶。

第五节　试剂着色法识别纤维

试剂着色法主要适用于未经染色的纤维或纯纺纱线和织物。对于成品面料来说，因织物往往都经过染色加工或含有其他助剂，所以会影响最终的颜色，无法通过试剂着色法进行有效判断。

试剂着色法是根据各种纤维对某种化学药品的着色性能不同，迅速鉴别纤维种类的方法。鉴别纺织纤维用的着色剂分专用着色剂和通用着色剂两种：前者用于鉴别某一类特征纤维；后者由各种染料混合而成，可将各种纤维染成不同的颜色，然后根据所染颜色来区分纤维。

一、实验仪器、试剂和材料

酒精灯、试管、镊子，HI-1 纤维着色剂、碘—碘化钾溶液、锡莱着色剂 A，各种未知纤维、纱线或织物。

二、测试方法

1. 碘—碘化钾溶液

将 20g 碘溶解于 100 mL 的碘化钾溶液中。把纤维浸入碘—碘化钾溶液 0.5~1min，取出后用水洗干净，根据着色不同，判别纤维品种。

2. HI-1 纤维鉴别着色剂

该着色剂是由东华大学和上海印染公司共同研制的，将试样放入微沸的着色溶液中，沸染 1 min（时间从放入试样后染液微沸开始计算）。染完后倒去染液，冷水清洗，晾干。染好后与标准样对照，根据色相确定纤维类别。

3. 锡莱着色剂 A

将纤维、纱线或织物浸入锡莱着色剂 A 中 30 ~ 60s，然后取出用清水冲洗干净，挤干水分，根据着色不同，可鉴别出纤维的品种。

几种纤维的试剂着色反应见表 2-4。

表 2-4 着色剂的着色反应

纤维种类	HI-1 纤维着色剂	锡莱着色剂A 着色	碘—碘化钾着色	纤维种类	HI-1 纤维着色剂	锡莱着色剂A 着色	碘—碘化钾着色
棉	灰	蓝	不染色	涤纶	红玉	微红	不染色
麻	深紫	紫蓝	不染色	锦纶	深棕	淡黄	黑褐
蚕丝	深紫	褐色	淡黄	腈纶	桃红	微红	褐色
羊毛	红莲	鲜黄	淡黄	维纶	—	褐色	淡蓝
黏胶纤维	绿	紫红	黑蓝青	丙纶	鹅黄	不染色	不染色
醋酯纤维	艳橙	绿黄	黄褐	氯纶	—	不染色	不染色
铜氨纤维	—	紫蓝	黑蓝青				

第六节　纤维系统鉴别法识别纤维

实际鉴别中，有些材料采用单一方法难以得到准确结论，需要采用几种方法综合分析才能得到正确结论。

一、一般鉴别程序

（1）将未知纤维稍加整理，如果不属于弹性纤维，可采用燃烧法将纤维初步分为纤维素纤维、蛋白质纤维和合成纤维三大类。

（2）纤维素纤维和蛋白质纤维有各自不同的形态特征，用显微镜观测法就可鉴别。

（3）合成纤维一般采用化学溶解法，即根据不同化学试剂在不同温度下的溶解特性来鉴别纤维。

纺织纤维系统鉴别法的流程如图2-32所示。

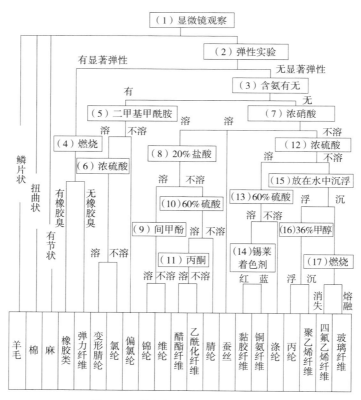

图2-32　纺织纤维系统鉴别法的流程

二、日常简易系统鉴定

日常生产和生活中，要因地制宜，因陋就简，根据纤维特征和现有条件识别。例如某两种面料的成分识别，既没有显微镜，也没有各种试剂，此时可按如下方法。

（1）先通过燃烧法确定大类，如果是纤维素纤维，通过外观手感等形态特征排除麻的可能性。

（2）将纤维或纱线浸入水中，如果下沉的快，说明是黏胶纤维或莱赛尔纤维（天丝），下沉慢的是棉，这是因为黏胶纤维、莱赛尔纤维回潮率为13%，远远高于棉的8%的回潮率，因而吸水增重快，下沉快。

（3）再通过浸湿纱线拉断容易的是黏胶纤维纱线，反之是莱赛尔纤维（天丝）纱线，原因是黏胶纤维的湿强力只有干强力的50%，因而湿态时容易拉断；而莱赛尔纤维（天丝）的湿强力和干强力接近，干态强力接近涤纶。

第七节 利用纤维双折射率识别纤维

首先按FZ/T 01057.3—2007《纺织纤维鉴别试验方法 第3部分：显微镜法》和FZ/T 01101—2008《纺织品 纤维含量的测定 物理法》制样，然后利用偏振光显微镜测量纤维双折射率来识别不同纤维。

一、偏振光显微镜法

偏振光显微镜（图2-33）是用于研究各向异性材料的一种显微镜，和普通显微镜不同的是其光源前有偏振片（起偏器），可使进入显微镜的光线转为偏振光，镜筒中有检偏器和补偿片。从显微镜光源部分射出的自然光经过反射、折射、双折射和吸收等作用，可得到一个方向上振动的光波，这种光波则称为"偏振光"。

图2-33 偏振光显微镜

偏振光显微镜参数选择如下：显微镜的放大倍数为500倍，起偏角的度数设定为120°（检偏角为0°），纤维与载物台的夹角分别为+45°和-45°，补偿片使用1λ的补偿片。

羊毛、山羊绒、马海毛、驼绒、兔毛、羊驼毛、牦牛绒和狐狸毛的偏振光图如图2-34～图2-41所示。

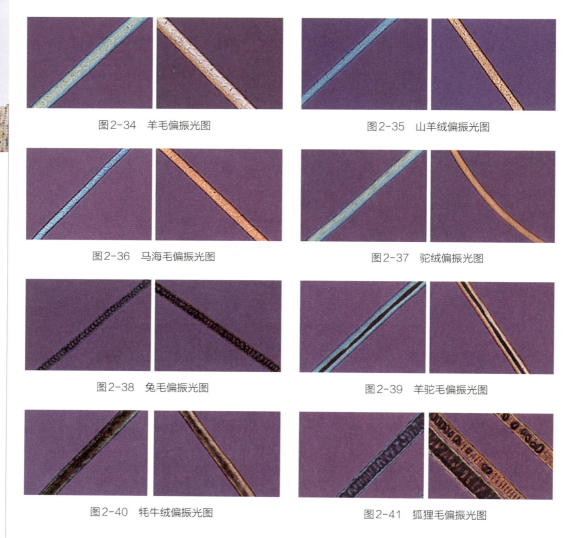

图2-34　羊毛偏振光图　　　　　　　　　　图2-35　山羊绒偏振光图

图2-36　马海毛偏振光图　　　　　　　　　图2-37　驼绒偏振光图

图2-38　兔毛偏振光图　　　　　　　　　　图2-39　羊驼毛偏振光图

图2-40　牦牛绒偏振光图　　　　　　　　　图2-41　狐狸毛偏振光图

二、双折射率测定法

利用不同纤维的双折射率的差异，采用双折射显微镜识别。分别测量偏振面平行于纤维轴向及径向的折射率，再求两者之差，即纤维双折射率。使用偏振光显微镜测定纤维双折射率，最适合纤维形态及其相似的合成纤维的定性识别。

（1）干涉色法：起偏镜与检偏镜正交并与纤维轴成45°，由纤维干涉色或通过石英楔补偿，测得平行于纤维轴的快光（E光）与垂直于纤维轴的慢光（O光）的光程差，同时由显微镜中测得纤维厚度算得纤维双折射率。

（2）色那蒙补偿法：使用色那蒙补偿器测定，由干涉光中心黑线位移量直接测得光程差，同时测得纤维厚度，计算纤维双折射率。部分合成纤维的双折射率见表2-5。

表2-5 部分合成纤维的双折射率

纤维名称	双折射率
醋酯纤维	0.005
涤纶	0.188
锦纶	0.052
腈纶	0
丙纶	0.032

第三章

纺织服装用纱线识别与应用

第一节　纱线的基本概念

纱线是纱和线的总称，是由纤维或长丝的线形集合体组成的具有良好力学性能、可加工性能以及具有视觉、触觉特性的连续纤维束。

纤维纺成单股或单根的称为纱或单纱。纱是由短纤维（长度不连续）沿轴向排列并经加捻后纺制而成（图3-1），或是由长丝（长度连续）加捻或不加捻并合而成的连续纤维束（图3-2）。

两根或两根以上的单纱或股线并合加捻后称为线或股线，如图3-3所示。

图3-1　短纤纱　　　　　　图3-2　长丝纱　　　　　　图3-3　股线

第二节　纱线的结构要素

纱线结构要素是细度、捻度和捻向，对面料服用性能和风格，如光泽、质地、肌理和手感有着重要影响，直接影响服装设计师或家纺设计师的设计思想表达和产品最终用途的实现程度。

一、纱线细度

纱线的细度，可以用直径或截面积来表示，但因为纱线表面有毛羽，截面形状不规则且易变形，测量直径或截面积不仅误差大，而且比较麻烦，因此，广泛采用与截面积成比例的间接指标，如线密度、公制支数（N_m）、英制支数（N_e）与旦尼尔（N_d），详见第一章。

（1）短纤维单纱细度表示方法：JT65/C35 13.1tex 表示精梳涤65%/棉35%，混纺纱，

13.1tex。

（2）短纤维股线细度表示方法：C18.2×2tex表示2根18.2tex普梳棉纱加捻而形成的股线；C32/2表示2根32英支普梳棉纱加捻而形成的股线；W60/2 N_m表示2根60公支毛纱加捻而形成的股线；C40+40旦表示一根40英支普梳棉纱＋一根长丝形成包芯纱或者包覆纱，如棉短纤维包氨纶丝包芯纱，用作弹力织物，或棉短纤维包聚酯长丝的涤纶包芯纱，用作烂花织物的坯布。织物规格吊牌如图3-4和图3-5所示。

如图3-4所示，该色织布经纱为棉40/2英支股线，纬纱为21英支（用欧冠"×"号分开经纬纱）。

其他信息：织物门幅在56～57英寸，经密为100根/英寸，纬密为80根/英寸。

如图3-5所示，该交织织物经纱为棉精梳40英支和32/2英支股线，纬纱为40英支CVC纱。

其他信息：经纬密度分别为82根/英寸和80根/英寸（/号之后是经纬纱密度）；克重82g/m²；织物幅宽在57～58英寸。

货号：NTRS116628
品名：全棉色织布
规格：56/57″ 40/2X21
100X80

图3-4　色织布规格吊牌

品号	FRT08-087（加银纳米助剂）	
品名	染色提花布	
规格	JC40+32/2*CVC40/82*80	
成分	棉涤	
克重	82g/m²	门幅	57/58INCH

图3-5　交织织物规格吊牌

注 3-1 1英寸（"）=2.54cm

注 3-2 **CVC**：是T45%/C55%棉的混纺纱，相比于T65%/C35%的涤棉/混纺纱，旨在提高服装面料舒适性的同时，保证面料抗皱性和免烫性。

（3）长丝纱纤度表示方法举例：长丝纱是多根单丝（F）组成的复丝。例如，P75旦/36F表示该纱由36根涤纶（P）单丝组成，总的纤度为75旦。

二、纱线捻度

捻度是指单位长度内纱线捻回数，通过加捻，可使纱线具有一定的强度、弹性、手感和光泽等。棉纱通常以10cm内的捻回数表示，精纺毛纱通常以1m内的捻回数表示。

三、纱线捻向

加捻纱中纤维的倾斜方向或加捻股线中单纱的倾斜方向称为捻向。捻向一般分Z捻和S捻，如图3-6所示。

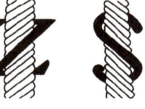

图3-6　纱线捻向示意图

第三节　纱线的分类

一、短纤维纱线

1. 单纱
单纱是只由一股纤维束捻合的纱，棉织物以单纱织物最为普遍。

2. 股线
股线是由两根或两根以上的单纱捻合而成的线，其强力、弹性、耐磨性和织物风格变化好于单纱。精纺和粗纺毛织物普遍采用双股线，三股线和多股线用作缝纫线、绣花线和编织线。

3. 复捻多股线
复捻多股线是把几根股线按一定方式捻合在一起的纱线，如装饰线。

二、长丝纱

1. 普通长丝纱
（1）单丝。单丝由一根牵伸丝长丝构成，一般用于加工细薄织物，如尼龙袜、面纱巾等。

（2）牵伸丝（FDY）。牵伸丝由多根单丝合并而成的长丝，如75旦/36F表示复丝根数为36，并合后总纤度75旦。丝绸是由复丝构成，如素软缎、尼丝纺、春亚纺、色丁、电力纺等由不加捻的复丝织造，服装面料具有光、滑、柔、冷感的风格。

（3）复合加捻丝。复合加捻丝一般是指由FDY复丝加捻而成的长丝，如丝绸中的顺纡绉、双绉和雪纺等，面料具有弹、爽、磨砂感、颗粒感的风格，不贴身。

2. 变形长丝纱
（1）低弹丝（DTY）。常见的低弹丝为涤纶低弹丝，是涤纶的一种变形丝类型，它是以聚酯切片（PET）为原料，采用高速纺制涤纶预取向丝（POY），再经牵伸假捻加工而成，具有流程短、效率高、质量好等特点。低弹丝隔热性好、手感舒适、光泽柔和，具有适度的弹性和蓬松性，适用于弹性要求较低，但外观、手感和尺寸稳定性良好的针织和机织面料。丙纶低弹丝适用于制作地毯。

（2）高弹丝（HDTY）。高弹丝具有很高的伸缩性，而蓬松性一般，适用于弹性要求较好的紧身弹力衫裤、弹力袜等弹力织物，以锦纶高弹丝为主。

（3）膨体纱。膨体纱具有较低的伸缩性和很高的蓬松性，利用纤维的特殊热收缩性制成，先由两种不同收缩率的纤维混纺成纱线，然后将纱线放在蒸汽、热空气、沸水中处理，此时，收缩率高的纤维产生较大收缩，位于纱的中心，而混在一起的低收缩纤维被挤压在纱线的表面形成圈形，从而得到蓬松、丰满、富有弹性的膨体纱，用于制作绒线、仿毛呢料、内外衣用针织纱、帽子、围巾等。典型代表为腈纶膨体纱，也称开司米。

（4）网络丝。复丝中的某些单丝产生周期性错位、弯曲和缠绕，是长丝形成局部缠络的交络点，增加了抱合力，可以代替加捻。网络丝手感柔软、蓬松，仿毛效果好，多用于女士毛呢，重要特征是每隔一段有一个网络节，如图3-7所示。

（5）空气变形丝（ATY）。利用压缩空气喷射处理长丝，以获得蓬松性以及使其具有类似短纤纱的某些特性，丝上有小毛羽，面料仿棉风格好，如图3-8所示。

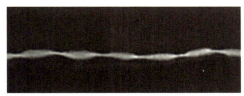

图3-7 网络丝　　　　　　　图3-8 空气变形丝

3. 常见长丝原料及细度（表3-1）

表 3-1 常见长丝原料及细度

序号	原料	常见纤度
1	涤纶	15旦、20旦、30旦、（40旦）50旦、63旦、68旦、75旦、100旦、150旦、200旦、300旦，其中50旦、75旦最常见
2	锦纶	20旦、30旦、40旦、70旦、140旦、210旦、420旦
3	涤/锦复合丝	90旦、120旦、160旦
4	棉、涤/棉（T/C）、涤/黏（T/R）	7英支、10英支、12英支、16英支、21英支、32英支、40英支、60英支、80英支、100英支
5	氨纶	20旦、40旦、70旦
6	人造丝	50旦、75旦、100旦、120旦
7	记忆丝	50旦、75旦、95旦
8	空气变形丝（ATY）	160旦、280旦、320旦
9	海岛复合丝	105旦（75旦+30旦）、160旦、210旦、225旦、
10	钻石丝	40旦、80旦、150旦
11	高弹丝（HDTY）	不确定

4. 长丝织物规格识别

例如，1/70旦/24F N FDY'SD × 1/70旦/24F N FDY'SD，64根/cm × 42根/cm表示织物经纬纱均是锦纶FDY；复丝纤度为70旦；复丝根数为24根；经纬纱密度为65根/cm × 42根/cm，半光（SD）。

三、花式纱

各种更为复杂的不规则或不均匀的纱线，被称为花式纱线，基本构成为基础纱线、效果纱线和固结纱线。基础纱线为纱线结构提供支撑；效果纱线创造了纱线的装饰外观；固结纱线有助于固定效果纱线，提供额外的支撑并保持所需的外观。

花式纱线可以通过多种方式生产：不同颜色的纤维可以混合在一起，然后纺成一根纱线；有色纤维的斑点可以与底纱一起捻入；柔软度、厚度、重量、颜色或纤维不同的两根或多根纱线组合形成凸起的肌理。

1. 雪尼尔纱

雪尼尔纱的特征是改性聚酯纤维被握持在合股的芯纱上，形状如瓶刷，手感柔软，广泛用于植绒织物和手工毛衣，不掉毛，如图3-9所示。

图3-9 雪尼尔纱

2. 彩点纱

纱上有单色或多色彩点，这些彩点长度短、体积小，主要用于生产粗纺花呢，多用于秋冬服装、短大衣等，如图3-10所示。

图3-10 彩点纱

3. 圈圈纱

圈圈纱是花式线中最松软的一种，由连续或间断出现的环状或半环状纱圈的股线组成，饰纱在芯纱周围形成连续丰满且均匀分散的纱圈，如图3-11所示。

图3-11 圈圈纱

4. 金银丝

金银丝大多是涤纶薄膜上镀一层铝箔，外涂树脂保护层，经切割而成，如铝箔上涂金黄涂层的为金丝，涂无色透明涂层的为银丝，涂彩色涂层的为彩丝，服装材料显得华贵、高雅、绚丽夺目，如图3-12所示。

图3-12　金银丝

5. 段染纱

段染纱也称印节纱，是一种采用间隔染色方法制得的色段长度不同的纱线，其织物颜色随机无规律性，具有独特别致的外观效果，如图3-13所示。

图3-13　段染纱

6. 大肚纱

大肚纱是指一截粗一截细的纱线，主要特征是两根交捻的纱线中夹入一小段断续的纱线或粗纱。输送粗纱的中罗拉由电磁离合器控制其间歇运动，从而把粗纱拉断而形成粗节段，该粗节段呈毛茸状，易被磨损。织物花型凸出，立体感强，适合冬季做毛衣，如图3-14所示。

图3-14　大肚纱

7. 竹节纱

竹节纱的特征是具有粗细分布不匀的外观。纺纱方法是：在普通细纱机上附加一个装置，使前罗拉变速或停顿，从而改变正常的牵伸倍数，导致正常的纱线上突然产生一个粗节，即一根纱线上既有粗节，又有细节。

竹节纱和大肚纱的区别如下：竹节纱是单根纱呈现节粗节细，大肚纱是两根交捻加一小段纱。竹节纱上的竹节可以是有规律的或无规律的，面料表面拥有雨点及云斑状的效果，并且具有粗犷、朴素、自然的风格，如图3-15所示。

图3-15　竹节纱

8. 结子纱

结子纱的特征是饰纱围绕芯纱，在短距离上形成一个结子，结子可有不同长度、色泽和间距。长结子纱又称为毛虫线，短结子纱可有单色或多色，如图3-16所示。

图3-16　结子纱

9. 包芯纱

包芯纱一般由芯丝和外包纤维组成。如图3-17所示，芯丝在纱的中心，通常为强力和弹性都较好的合成纤维长丝（如涤纶或氨纶丝），外包棉、黏胶纤维等短纤维纱，这样就使包芯纱既具有天然纤维的良好外观、手感、吸湿性能和染色性能，又兼有合成纤维的强力和弹性。例如，以氨纶为芯丝，外包棉短纤维的氨纶包芯纱，织造弹力织物；以涤纶为芯丝，外包棉或黏胶短纤维的涤纶包芯纱，织造烂花织物的坯布。

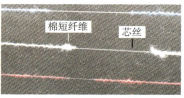

图3-17　包芯纱

10. 其他花式纱

可根据服装面料风格选择不同装饰效果的纱线，如图3-18～图3-39所示。

图3-18　辫子线　　　　　图3-19　牙刷纱　　　　　图3-20　冰岛纱

图3-21　羽毛纱　　　　　　　　图3-22　波纹纱　　　　　　　　图3-23　乒乓纱

图3-24　带子纱　　　　　　　　图3-25　蜻蜓纱　　　　　　　　图3-26　蝴蝶纱

图3-27　松树纱　　　　　　　　图3-28　念珠纱　　　　　　　　图3-29　葫芦纱

图3-30　灯笼纱　　　　　　　　图3-31　拉毛纱　　　　　　　　图3-32　睫毛纱

图3-33　项链纱　　　　　　　　图3-34　蜈蚣纱　　　　　　　　图3-35　曲珠纱

图3-36　铁轨纱　　　图3-37　TT纱　　　图3-38　斜毛纱　　　图3-39　梯形纱

第四节 纱线结构要素对面料的影响

一、纱线细度对面料的影响

1. 纱线细（高支纱）

面料手感柔软、细腻，色泽光洁，保暖性差，易贴身。一般40英支以上为高支纱，用来织造高档轻薄织物，图3-40为高档高支纱（60英支）衬衫，图3-41为高档高支纱（100英支）床品。

图3-40　高支纱衬衫　　　　　　　　　图3-41　高支纱床品

2. 纱线粗（低支纱）

面料手感粗硬、厚实饱满，保暖性好，弹性好，造型性能好。一般16英支以下的纱为低支纱，常用来织造粗厚织物，例如牛仔布（7～10英支）、粗斜纹布（12英支）、特粗仿毛花式纱（3～6英支）。

3. 纱线粗细中等

一般指16～32英支的纱线，一般用作春秋夹克衫、冲锋衣和风衣面料。

二、纱线捻度对面料的影响

1. 捻度对纱线强力的影响

捻度越高，纤维之间的抱合力越大。在临界捻系数下，纱线强力随捻度增加而增大；超过临界捻系数，纱线强力随捻系数增加而下降。

2. 捻度对纱线和织物硬挺度的影响

捻度小（也称弱捻纱），纱线和织物柔软、蓬松，保暖性好，如绒布、毛巾织物；捻度大（也称强捻纱），纱线和织物硬挺，面料爽滑不贴身，如雪纺、顺纡绉和巴厘纱，如图3-42所示。

（a）绒布

（b）雪纺

（c）巴厘纱

图3-42　不同捻度的面料

3. 捻度对曲线和织物光泽的影响

捻度小，光泽亮，如缎面丝绸。捻度增加，纱线和织物的光泽变得柔和暗淡，如雪纺面料（图3-43）。

图3-43　低捻缎面丝绸床品和服装

4. 捻度对合成纤维织物起毛起球的影响

捻度小，合成纤维之间抱合力小，纤维容易外露，易产生毛羽，由于合成纤维强力高，不易在服用中磨断，造成织物起毛起球，如图3-44所示。

（a）起毛

（b）起球

图3-44　合成纤维面料起毛起球

三、纱线捻向对面料的影响

纱线的捻向决定纱线的反光方向，进而影响织物的外观。经纬纱线采用相同捻向的纱线，经纬交织点纤维倾斜方向一致而互相嵌合，因而织物较薄、身骨好，如图3-45所示；反之，经纬纱线采用不同捻向的纱线，织物松厚柔软，表面反光一致，光泽较好，如图3-46所示。利用S捻与Z捻纱线的间隔排列，使织物产生隐条、隐格效应，如图3-47所示；不同捻向强捻纱的间隔排列可以形成皱纹效应，如顺纡绉（2Z2S强捻经纱间隔排列），如图3-48所示。

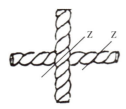
图3-45　经、纬纱
捻向同为Z捻

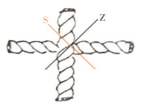
图3-46　经纱Z捻、
纬纱S捻

图3-47　Z捻和S捻间隔
排列的隐条效应

图3-48　顺纤绉的
皱纹效应

圈圈纱面料服
装动态模拟　　　金银丝面料服
装动态模拟　　　牙刷纱面料服
装动态模拟

四、纱线组成结构对面料的影响

　　综上所述，纱线的细度、捻度、捻向等使面料产生各类花色品种，并在很大程度上决定了织物的表面特征、风格和性能而纱线的组成结构也会对面料弹性、后整理、外观效果产生重要影响。

1. 涤纶包芯纱

　　涤纶长丝为芯，外包棉（或黏胶纤维）短纤维的涤纶包芯纱，原理如图3-17所示，以此织造坯布可以生产烂花布。烂花布是表面具有半透明花形图案的轻薄混纺织物。烂花布通常用涤纶长丝外包棉纤维的包芯纱，织成织物后用酸剂制糊印花，经烘干、蒸化，使印着部分的棉纤维水解烂去，经过水洗，即呈现出只有涤纶的半透明花形，烂花天鹅绒如图3-49所示。

2. 氨纶包芯纱

　　氨纶为芯丝，在氨纶线外部用天然优质棉纤维进行包裹，就形成了高弹力氨纶包芯纱，如图3-17所示。氨纶包芯纱主要做比较高档的弹力男女内衣、健美服、运动服、比赛服、休闲服等，氨纶弹力包芯纱如图3-50所示，氨纶包芯纱弹力牛仔布如图3-51所示。

图3-49　烂花天鹅绒

图3-50　氨纶弹力包芯纱

图3-51　氨纶包芯纱弹力牛仔布

3. 花式纱

　　形态结构特殊的花式纱线，其面料拥有色彩变化的特点和特殊的肌理质感，因为纱线已具备这些因素，因此在面料的构成中更具表现力，即使采用简单的组织结构也会产生与众不同的效果。

花式纱线较粗，面料的纹理较粗犷、清晰，质感也较厚重、丰满，保暖性、覆盖性和弹性比较好，更适用于制作秋冬外衣。

（1）雪尼尔纱：雪尼尔纱赋予面料绒感、丰满、立体的装饰效应，如图3-52所示。

图3-52　雪尼尔纱面料

（2）段染纱、竹节纱、大肚纱：这些纱线赋予面料雨丝状断续感，或者粗犷的颗粒、疙瘩质朴效应，具有返璞归真的特点，如图3-53～图3-55所示。

（3）彩点纱、乒乓纱、结子纱、圈圈纱和羽毛纱：这些纱线赋予织物如满天星、旷野小花般散点或集群装饰效应，如图3-56～图3-60所示。

图3-53　段染纱面料和服装

图3-54　竹节纱面料

图3-55　大肚纱面料

图3-56 彩点纱面料和服装

图3-57 乒乓纱面料和服装

图3-58 结子纱面料和服装

图3-59 圈圈纱面料和服装

图3-60 羽毛纱面料和服装

（4）金银丝：若纱线本身具有特殊光泽，例如亮片纱、金银丝，赋予面料炫目亮丽、富贵的外观，如图3-61和图3-62所示。

（5）其他花式纱面料和服装（图3-63～图3-65）。

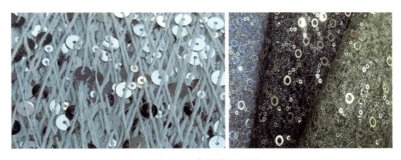

图3-61　亮片纱和面料

图3-62　金银丝面料和服装

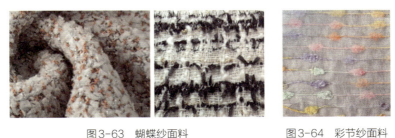

图3-63　蝴蝶纱面料　　　　　　　图3-64　彩节纱面料

图3-65　牙刷纱面料和服装

第四章

纺织服装用面料生产认识

棉纺流程

智能纺纱

第一节　纺纱流程

一、棉纺纱

棉纺纱本质上是短的原纤维经过一系列机器作用，将其转化为连续的纱线。

（一）环锭纺纱

棉纺纱通常选用环锭纺纱，其主要生产阶段是开清棉、梳棉、并条、精梳、粗纱和细纱（包括加捻和卷绕）。棉环锭纺纱生产流程如图4-1所示。

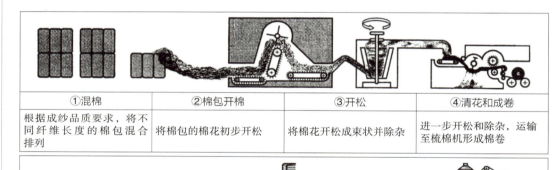

①混棉	②棉包开棉	③开松	④清花和成卷
根据成纱品质要求，将不同纤维长度的棉包混合排列	将棉包的棉花初步开松	将棉花开松成束状并除杂	进一步开松和除杂，运输至梳棉机形成棉卷

⑤梳棉	⑥并条	⑦精梳	⑧粗纱	⑨细纱
使纤维束单纤维化，清洁纤维、增加取向度，形成棉条	改善①~③阶段的纤维规律性和须条的截面混合性能	去除短纤维，仅适用于高品质纱线	牵伸成粗纱，并具有微小捻度	牵伸至所需要的细度，加捻和卷绕

图4-1　棉环锭纺纱生产流程

1. 开清棉——不同品质长度纤维搭配，取长补短、降低成本，开松、除杂

开清棉流程：棉包混棉（抓棉机）—棉包开棉（喂棉箱）—开松（开棉机）

根据成纱品质要求，将不同纤维长度的棉包混合排列。来自若干棉包的纤维经抓棉机（图4-2）被送入封闭的喂棉箱（图4-3），进行进一步混合和初步开松。接着送入开棉机（图4-4和图4-5），将大量块状纤维分离成束状，并清除杂质。因为合成纤维比天然纤维更均匀，含有更少的杂质，所以加工简单。那些比纤维重且未被纤维缠绕的污物和杂质通过机械力和强力空气使之与纤维分离。最后，纤维呈松散蓬松的块状，可以用强力空气通过斜槽直接输送到梳棉机。现代抓棉、混棉、开棉、清棉生产线示意图如图4-6所示。

另一种方式是抓棉、混棉后先输送到清棉机上，然后输送到梳棉机。如果使用清棉机，纤维被进一步开松、混合和清洁，并用一系列的辊、输送机和强力空气系统进行清洁。然后将它们输送到集棉筒中，在集棉筒形成纤维薄层或棉网。纤维棉絮被卷起，就像一个很大的吸棉卷，然后将该棉卷传送到梳棉机上进一步梳理，在梳棉机后喂入棉卷，机前输出棉网成条，如图4-7所示。

（a）直线往复式

（b）圆环式

图4-2 抓棉机

较紧密

较松散

图4-3 喂棉箱　　　图4-4 豪猪式开棉机　　　图4-5 多仓式开棉机

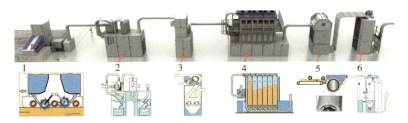

图4-6 现代抓棉、混棉、开棉、清棉生产线示意图
1—自动抓棉机　2—分离机　3—预开棉机　4—多仓混棉机　5—精开棉机　6—除异纤微尘机

2. 梳棉——去除杂质和短纤维，纤维间多数平行排列，形成棉网，收缩成条

混棉和开棉后的纤维以棉卷形式送至梳棉机，如图4-8所示，或者从斜槽喂棉箱送至梳棉机（图4-9）。此时，纤维是随机排列的，可能含有不适合进一步加工的杂质和短纤维。梳棉机梳理过程如图4-10所示，梳棉机由一个大的旋转圆筒（锡林）和其上方

图4-7 梳棉机后部喂入棉卷

的一系列平板（盖板）组成，锡林上覆盖着金属针或金属齿。盖板形成一个环形带，由矩形板编织在一起，上覆盖密集的细钢针（锡林和盖板针齿间配合如图4-11所示），在梳棉机锡林上方旋转。锡林和盖板以相同的方向旋转，但速度不同，将纤维梳理成薄的薄膜状的网。在这个过程中，短纤维和杂质被清除并沉积在盖板上。留在梳棉机锡林上的纤维部分平齐，因此它们的纵向轴线方向和梳棉网的长度方向在一定程度上平行。薄纤维网被从锡林上拉出，聚集成柔软的纤维，然后通过锥形或喇叭形集结器，收缩产生一条绳状的细条，如图4-11所示。棉条没有捻度，只有一点强度，这是由纤维的缠结提供的，因此棉条脱离并落入棉条桶中或放置在输送机上，以转移到下一个加工步骤，即牵伸工序。

图4-8　传统梳棉机

图4-9　现代梳棉机

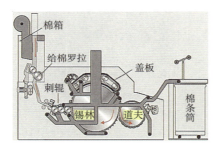

图4-10　梳棉机梳理过程示意图

图4-11　梳棉机梳理示意图

3. 并条——8根并合再牵伸，提高混合均匀度，纤维进一步伸直，平行

并条机（图4-12）使用一系列成对排列并以不同速度旋转的罗拉牵伸棉条。在第一并条机上，将几条梳棉条（通常为八条）组合在一起，以进一步混合纤维。棉条通过一系列的罗拉从机器的后部拉出（图4-13）。后一对罗拉的旋转速度低于机架前部一对罗拉的旋转深度（图4-14）。由于棉条的卷绕速度比输送速度快，所以棉条在拉出或牵伸时会变薄。仅经过一次牵伸的梳棉条和精梳棉条都要经过末道并条，进一步混合并使纤维定向排列。在

图4-12　并条机

图4-13　并条机牵伸机构

某些情况下，会进行第二次末道并条。牵伸后，纤维处于最平行的排列状态。须条并没有捻度，尽管须条（回转状态）在落入棉条中时可能有加捻现象发生。在这一点上，环锭纺纱经过粗纱过程，其他短纤纱直接由并条后的棉条牵伸而成。

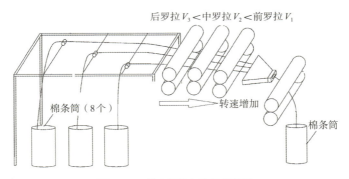

后罗拉 V_3 < 中罗拉 V_2 < 前罗拉 V_1

棉条筒（8个）

转速增加

棉条筒

图4-14　并条机棉条牵伸示意图

4. 精梳——去除短纤维，保留长纤维

对于具有优良的均匀度、光洁度、细度和强度的高品质纱线，纤维既要经过梳棉，也要经过精梳。将来自末道并条的条子组合在一起，形成纤维层供给精梳机，如图4-15所示，精梳机的细金属针可以清除残余的短纤维和其他杂质，精梳纤维被凝结成精梳棉条。

精梳是一个关键过程，它决定了普通纱线和优质纱线之间的区别，精梳可使细纱更光滑、更细、更结实、更均匀。精梳纱面料应用有精梳纯棉正装衬衫和采用精梳纯棉贡缎的家纺床品等，如图4-16所示。

图4-15　精梳机和梳理示意图　　　　　　　　图4-16　精梳纱面料应用

5. 粗纱——将棉条牵伸变细"如筷子粗"，为细纱做准备

来自末道并条的棉条被排列组合并移动到粗纱机（图4-17）后，在粗纱机上通过三对以不同速度旋转的罗拉将棉条牵伸到其原始直径的八分之一左右。第一组以相对较慢的速度转动，中间组以中等速度转动，最后一组的速度大约是第一组速度的10倍。这会将纤维拉出，减小纤维束的直径，并使纤维获得一些额外的平行排列。粗纱被缠绕在线轴上，缠绕过程会产生少量的扭曲，这会增加粗纱的强度。粗纱筒子被落下，并转移到细纱区。

图4-17　粗纱机

6. 细纱——牵伸、变细、加捻

细纱是生产单纱的最后一道工序。粗纱被牵伸至所需的直径，并赋予所需的捻度。纺纱中使用的牵伸方法与粗纱中使用的牵伸方法相同。通过须条绕筒管的回转运动和支撑筒管的锭子的转速值施加捻度。纤维须条从牵伸元件引出，喂入称为钢丝圈的U形导引器，钢丝圈（带着须条）在圆形轨道或环（钢领）上绕锭子支撑的筒管自由转动，并卷绕在筒管上，被称为环锭纺纱，纱线中捻度的产生是因为钢丝圈绕着钢领的回转运功，如图4-18所示。

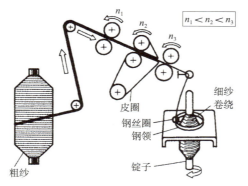

$n_1 < n_2 < n_3$

皮圈
细纱卷绕
钢丝圈
钢领
锭子
粗纱

图4-18　细纱过程和细纱机

（二）转杯纺纱（OE纱）

关键词 流程短、条干均匀、纱粗、强力低、气流纺、牛仔布用纱

转杯纺纱是一种新型纺纱方法，将环锭纺的粗纱、细纱、络筒卷绕三个工序合并为一个转杯纺工序，因而生产率高。

在转杯系统中，空气传播的纤维连续沉积在快速旋转的锥形辊筒的外表面或更通常的内周表面上，以形成纤维环，然后沿着辊筒的旋转轴线将纤维剥离并取出。这样就产生了扭曲，形成了纱线。转杯式开放式纺纱的一大优点是，加捻和卷绕完全分离，这使得加捻机构能够以非常高的速度运行。旋转速度比分梳辊（梳理罗拉）高出10倍以上，由此产生离心作用，把杯子里的空气向外排；根据流体压强的原理，使棉纤维进入气流杯，并形成纤维流，沿着杯的内壁不断运动。转杯纺纱由于其高生产率和减少了加工步骤而具有低成本优势，因而具有很高的生产能力，转杯纺纱原理和转杯纺纱机如图4-19所示。

转杯纺纱比环锭纺纱生产的纱线更弱，线密度范围有限，并且生产的纱线手感更粗糙，如图4-20所示。转杯（气流纺）OE纱及牛仔裤如图4-21所示。

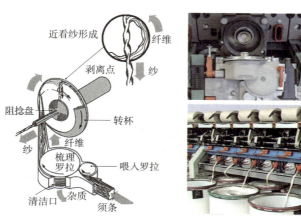

近看纱形成
纤维
剥离点
纱
阻捻盘
转杯
纱
纤维
梳理罗拉
喂入罗拉
清洁口
杂质
须条

图4-19　转杯纺纱原理和转杯纺纱机

图4-20　转杯纺纱纱线　　　　　　图4-21　转杯（气流纺）OE纱及牛仔裤

（三）紧密纺纱

关键词　强力高、光洁、条干好、类似精梳纱

紧密纺纱基本上是为了控制那些突出的纤维（未控制的纤维），这些纤维已经成为纱线的一部分，但在纱线形成中没有发挥作用，最终对纱线强度没有贡献，反而是对后续工艺产生了不利影响。

在通过正常的牵伸系统后，纤维进入由抽吸系统配备的凝结区。在这个区域，最大自由和突出的纤维变得平行和浓缩。在凝结区之后，纤维束立即以正常和传统的方式扭曲，紧密纺纱原理和紧密纺纱机如图4-22所示。

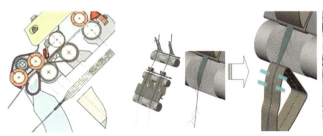

图4-22　紧密纺纱原理和紧密纺纱机

与传统环锭纺纱相比，紧密纺纱获得的纱线具有更好和均匀的成纱性，以及更好的强度和伸长率。与传统环锭纱相比，紧密型纱的优势如下。

（1）提高纱线强度和伸长率。由于纱线中纤维更好地控制和均匀，即使在低捻度下，纱线的强度和伸长率也比传统环锭纺纱提高20%。

（2）减少纱线毛羽。由于更多纤维在通过凝结区后变得平行和均匀，毛羽值比正常纺纱降低20%～25%，纱线光洁、条干均匀。紧密纺针织衫和衬衫如图4-23所示。

图4-23　紧密纺针织衫和衬衫

二、毛纺纱——分级、洗毛、粗纺纱和精纺纱

毛纺纱是将羊毛和割断成羊毛长度的人造纤维通过粗纺或精纺工艺纺成纱线的过程。粗纺系统的毛纱线经过梳毛（图4-24～图4-26）和成纱工序；精纺系统的毛纱线经过梳毛、针梳、并条和细纱。作为初步加工的一部分，羊毛纤维被分类和洗涤。

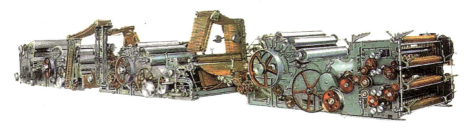

图4-24　梳毛设备概览

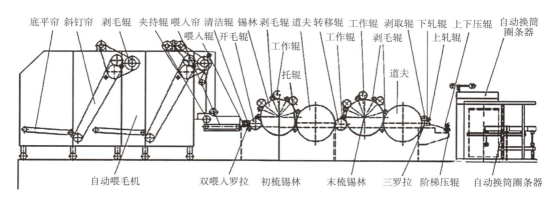

图4-25　梳毛工艺流程概览

1.分级

每一团（先前分级的）羊毛都在工厂仔细地开松，由专业的评级人员将其分开。将纤维根据所需纺纱品质进行分离：细度、长度和杂质。极长的粗羊毛被归类为地毯羊毛；相当长的羊毛被归类为针梳羊毛，用于剪毛织物和精纺毛织物；短于5cm（2.5英寸）的羊毛用于粗纺。

图4-26　梳毛车间

2.洗毛

用水和清洁剂或溶剂清洗分选后的羊毛，以去除纤维中的天然油脂或油以及水溶性杂质。去除的天然油脂被回收并作为羊毛脂出售。彻底冲洗纤维，然后干燥，并喷撒平滑剂，以便于加工。一些羊毛被碳化以去除羊毛中的植物物质，如毛刺、细枝和树叶。先将纤维用稀硫酸或盐酸溶液或加热后变酸的盐处理，然后将纤维加热至95℃左右，在不损害羊毛的情况下将植物物质烧焦。最后，羊毛经过一系列的罗拉，这些罗拉将碳化材料粉碎，并

将其从纤维中抖出来。

3. 粗纺毛纱系统

来自多个批次的纤维被合并输送到梳毛机。虽然设备不同，但工艺与短纤维梳理所用的工艺相似。羊毛梳毛机的梳毛针布具有较长的金属针，通常有几个梳毛辊筒串联运行。纤维被送到梳毛机上，在那里纤维组合被开松，一些杂质被清除，留下短纤维是因为需要它们来赋予羊毛织物毡缩的品质。当纤维以粗纱或绳的形式从梳毛机上引出时，呈略微伸直并平行的状态。

粗纱直接进入细纱机，在细纱机中，粗纱被牵伸到所需直径，并被赋予捻度，成纱被卷绕到筒管上。与棉纱一样，纱线随后在络筒工序被重新卷绕成适合针织或机织的卷装。

由于粗纺纱线加工过程中不进行单独的牵伸工序，因此与棉纺系统生产的短纤维纱线相比，毛纺纱线的纤维取向度更低。它们的特点是不均匀、体积大、表面粗糙、毛绒多。粗纺毛纱系统如图4-27所示。

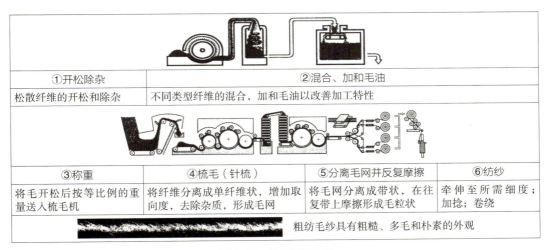

①开松除杂	②混合、加和毛油		
松散纤维的开松和除杂	不同类型纤维的混合，加和毛油以改善加工特性		

③称重	④梳毛（针梳）	⑤分离毛网并反复摩擦	⑥纺纱
将毛开松后按等比例的重量送入梳毛机	将纤维分离成单纤维状，增加取向度，去除杂质，形成毛网	将毛网分离成带状，在往复带上摩擦形成毛粒状	牵伸至所需细度；加捻；卷绕

粗纺毛纱具有粗糙、多毛和朴素的外观

图4-27 羊毛粗纺系统

粗纺毛呢面料效果如图4-28所示。

图4-28 粗纺毛呢面料和服装效果

4. 精纺毛纱系统

对于精纺纱线，纱中羊毛纤维和粗纺纱线一样经过梳理。梳毛毛条通过梳毛（针梳）机进行处理，以去除短纤维和任何残留的异物，并形成平行排列。为了减少羊毛毡化现象而去除的短纤维被称为精梳短毛。包含长纤维的被称为毛条。精纺毛纱具有相对光滑、均匀的表面和紧凑的结构。精纺毛纱系统如图4-29所示。

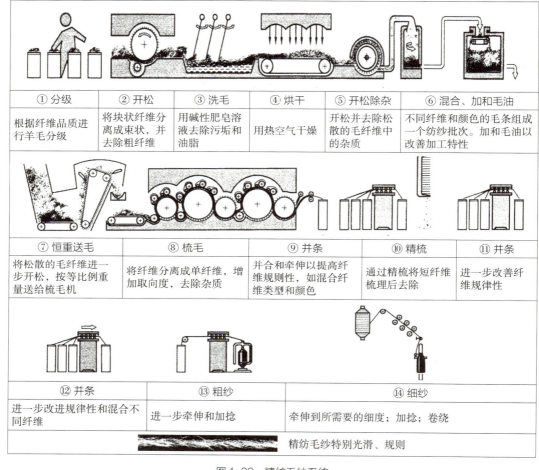

① 分级	② 开松	③ 洗毛	④ 烘干	⑤ 开松除杂	⑥ 混合、加和毛油
根据纤维品质进行羊毛分级	将块状纤维分离成束状，并去除粗纤维	用碱性肥皂溶液去除污垢和油脂	用热空气干燥	开松并去除松散的毛纤维中的杂质	不同纤维和颜色的毛条组成一个纺纱批次。加和毛油以改善加工特性

⑦ 恒重送毛	⑧ 梳毛	⑨ 并条	⑩ 精梳	⑪ 并条
将松散的毛纤维进一步开松，按等比例重量送给梳毛机	将纤维分离成单纤维，增加取向度，去除杂质	并合和牵伸以提高纤维规则性，如混合纤维类型和颜色	通过精梳将短纤维梳理后去除	进一步改善纤维规律性

⑫ 并条	⑬ 粗纱	⑭ 细纱	
进一步改进规律性和混合不同纤维	进一步牵伸和加捻	牵伸到所需要的细度；加捻；卷绕	
		精纺毛纱特别光滑、规则	

图4-29 精纺毛纱系统

精纺双面毛哔叽、精纺毛华达呢和隐条西服呢如图4-30所示。

（a）精纺双面毛哔叽　　　　（b）精纺毛华达呢　　　　（c）隐条西服呢

图4-30 精纺毛纱面料效果

三、变形纱

关键词 合成长丝、蓬松、伸缩、高弹、低弹、保暖

合成纤维具有热塑性，长丝在热和机械作用下，经过变形加工使之成为具有卷曲、螺旋、环圈等外观特性而呈现蓬松性、伸缩性的长丝纱，称为变形纱，包括高弹变形纱、低弹变形纱、空气变形纱、网络纱等，达到了增加体积的目的，增加了延展性和弹性，使纤维光泽柔和，由于纤维内封闭的空气，隔热效果更好，且柔软舒适。变形纱的加工方式见表4-1。

表4-1 变形纱的加工方式

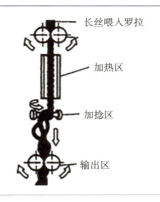	（1）假捻法。纱线在加热区被拉伸，同时加入预定的高水平假捻，然后冷却和解捻。热量使长丝先软化，再冷却。这是最经济的，也是最常见的过程
	（2）空气喷射法。空气喷射变形纱被高速送入压缩空气室中。因此，纱线中的长丝被迫散开并形成随机的环，纱线最终以更慢的速度从压缩空气室中移出。成品纱线具有较好的蓬松度和伸缩性
	（3）填塞箱法。长丝被送入加热的填塞箱内，送入箱内的速度比从箱中取出的速度快。当在加热填塞箱里时，长丝被强制形成随机的波浪形卷曲状，并加热定型，使其保持这种状态。成品纱线具有更大的体积和变化的质地
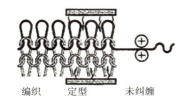	（4）假编变形法。纱线在圆形针织机上被编织成一根管状物，织物经过热定型，然后散开。毛圈的形状被设定在纱线中，从而形成束状外观

变形纱应用广泛，可以仿棉、仿麻、仿毛、仿丝绸，具有不同的质感和外观效应。可以在服装、家纺（窗帘、沙发布）和汽车面料等方面应用。

第二节　机织流程

棉织流程

丝织流程

化纤面料生产

关键词　络筒、整经、浆纱、穿经、经纬交织

机织是指来自经纬两个系统的经纱、纬纱垂直交织形成织物的过程，如衬衫、夹克衫、西服正装、大衣呢、牛仔面料、绸缎、家纺等面料。

一、络筒

因为细纱机的纱管卷装容量小，纱疵多，因而不适合下道织造工序对经、纬用纱大卷装、高质量的需求，需要增大卷装容量。在络筒工序将经纱卷绕成锥形筒子供整经机筒子架使用，络筒工序任务如下。

（1）卷绕槽筒将管纱卷绕成锥形筒子，以增加卷装容量。减少后道整经时的停车次数。

（2）电子清纱器清除纱疵。

（3）断头或换管后通过大吸嘴从筒子上找头，小吸嘴从管纱上找头后在空气捻接器捻接。

（4）筒子定长以便于整经集体换筒。

（5）张力器的作用对卷绕的纱线施加适当张力，保证筒子成形良好，卷绕密度适中。

纱库式络筒机组成和络筒现场如图4-31所示。

图4-31　络筒机组成和络筒现场

二、整经

整经的目的是准备在织机上所用的织轴（采用分条整经的情况）或者经轴用于经纱上浆（采用分批整经的情况）的经轴。

1. 分条整经

将全幅织物所需的总经纱根数，根据筒子架容量，分成若干条带，依次卷绕在锥形大辊筒上，当最后一个条带卷绕完成，再将所有条带集体倒卷到织轴上，分两个阶段：逐条带卷绕和集体倒轴。该方式适合色纱排列比较复杂的织物。

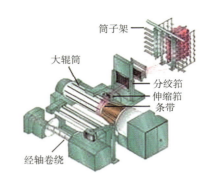

图4-32　分条整经流程

（1）逐条带卷绕。分条整经流程如图4-32所示，逐条带卷绕过程如图4-33所示。

条带数 = 条带（绞）宽 = 穿筘幅/绞数

这样，总经根数在大辊筒所占宽度等于最终其卷绕在织轴上的宽度。

穿筘幅是指定幅筘幅宽，定幅筘位于大辊筒和伸缩筘之间。

（2）集体倒轴。将全部条带同时倒卷到织轴上去，用于穿经，如图4-34所示。

分条整经得出是包含全幅织物总经根数的织轴，无须浆纱，直接穿经，所以色织单纱要整经前浆纱（如整浆联合机），毛纱采用股线形式，无须浆纱。

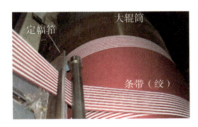

图4-33　逐条带卷绕过程

图4-34　集体倒轴过程

2. 分批整经

将全幅织物所需的经纱，根据整经机筒子架的容量，分成若干经轴，经轴数 = 总经根数/筒子架容量。例如，织物全幅总经根数为6488根，筒子架容量为640根，则整经配轴数 = 6488/640 = 10.14（轴），取11轴。每轴根数 = 6488/11 = 589.82（根），即每轴589根，余0.82 × 11 = 9（根），将其分配到其中的9轴上去，整经配轴为590 × 9 + 589 × 2 = 6488（根）。

分批整经生产的每个经轴仅包含部分经纱根数，在进行并轴后浆纱，获得总经根数，单纱经过上浆，耐磨性和强力增加。分批整经机和整经原理如图4-35所示。

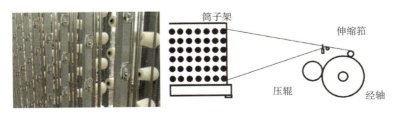

图4-35　分批整经机和整经原理示意图

三、浆纱

浆纱工序是弥补单纱或者无捻度的连续长丝纱纤维间抱和力不足的加工过程。当需要上浆时，纱线是分批整经方式，目的是在随后的织造阶段提高纱线的平滑度和韧性，纱线可以承受织造引起的张力和摩擦而不会出现问题。浆纱过程还会用浆液被覆经纱毛羽，使织造时开口清晰。浆纱机工艺流程如图4-36所示。

| 经轴退绕区 | 浆槽上浆区 | 烘筒烘燥 | 上蜡分绞区 | 车头织轴卷绕区 |

图4-36　浆纱机工艺流程

经纱从经轴架上所有经轴上依次退绕下来，并将其引入内含适合浆液的浆槽中上浆后，经纱进入烘筒烘燥区，纱线中的水分被蒸发，经上蜡装置，旨在提高纱线的光滑度。之后进入分绞区，如经轴数为8根，则需要7根分绞辊，将浆纱分为8层，将彼此粘连的浆纱分离成单纱状，最后经伸缩筘后，卷绕成织轴。

四、穿经

穿经包括将经纱穿综框和钢筘、停经片，穿综次序取决于织物组织和穿综图，如图4-37所示。

五、织造

1. 织造运动

织造过程包括送经、开口、引纬、打纬和卷取五大运动。

经纱从织轴上退绕下来，称为送经；综框将穿过停经片、综框、钢筘的经纱分开成上下两层，称为开口；载纬器（如梭子、片梭、剑杆）将纬纱引过梭口，称为引纬；完成经纬交织后，钢筘将纬纱打入织口，称为打纬；卷取辊将坯布引离织口，卷绕到卷布辊上，称为卷取，即完成织造，如图4-38所示。

图4-37　穿经

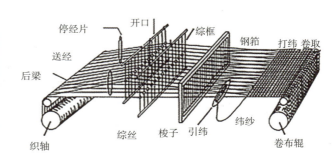

图4-38　织造运动

2. 开口方式

开口机构分为凸轮（踏盘）开口机构，如图4-39所示，适合平纹、斜纹、缎纹织物高速织造；机械多臂开口机构，支持16页综开口，如图4-40所示，又分为传统机械多臂织机和现代电子多臂织机，适合小花纹和复杂组织；电子大提花织机开口机构，如图4-41所示，又分为传统机械提花织机和现代电子提花织机，适合大花纹织物织造，如织锦缎、提花毛巾等。

图4-39　凸轮开口机构

图4-40　机械多臂开口机构

图4-41　电子大提花织机开口机构

3. 引纬方式

有梭织机已经被无梭织机淘汰，无梭织机分为片梭织机、剑杆织机、喷气织机和喷水织机，见表4-2。

表4-2　各类无梭织机对比

片梭织机	剑杆织机	喷气织机	喷水织机
片梭夹持纬纱，单向引纬，扭轴投梭，纬纱张力可调，均匀，产品质量好	送纬剑钳住纬纱到梭口中间交给钩状接纬剑，完成剩余半程引纬	高速气流引纬，辅助喷嘴避免气流能量衰减，异形筘防止气流扩散	高速水流引纬，无须异形筘和辅助喷嘴

片梭织机	剑杆织机	喷气织机	喷水织机
导梭齿和片梭	送纬剑和接纬剑	储纬器和主喷嘴	喷嘴和水泵
适合高档毛织物和棉织物，宽幅宽	适合色织物、提花面料，品种适应性好	适合白织、色织物，优质、高产	适合化纤长丝面料，坯布需脱水

注 喷气织机和喷水织机因为是消极引纬，需采用定长储纬器，而片梭织机和剑杆织机是积极引纬，无须定长储纬器。

第三节 针织流程

针织是指一个系统（纬纱或经纱）的纱线采用线圈串套形式编织形成的织物，如羊毛衫、T恤衫、袜子、运动衣、蕾丝、纱帘等。

关键词 线圈、编织、经编、纬编

一、纬编

纬编

纬编由纬向一组线圈依次串套编织而成，如图4-42所示。将一根或数根纱线由纬向喂入针织机的工作针上，使纱线顺序地弯曲成圈，且加以串套而形成纬编针织物。

图4-42 纬编线圈和面料

纬编对加工纱线的种类和线密度有较大的适应性，品种繁多，既能织成坯布，又可编织成单件的成形产品和部分成形产品，如T恤衫、羊毛衫等，同时纬编的工艺过程和机器结构比较简单，易于操作，机器生产效率比较高，因此，纬编在针织工业中比重较大。

织物裁剪前，必须根据裁剪用布配料单，核对匹数、尺寸、密度、批号、线密度是否符合要求，在验布时对坯布按标准逐一进行检验，对影响成品质量的各类疵点，如色花、漏针、破洞、油污等须做好标记及质量记录。

纬编一般采用横机和大圆机织造。

（一）横机

横机组织结构变化多、翻改品种方便、可编织半成形和全成形产品，以减少裁剪造成的原料损耗，但也存在成圈系统较少、生产效率较低、机号相对较低和只可加工较粗纱线等不足。横机主要用来编制毛衫衣片、手套以及衣领、下摆和门襟等服饰附件，如图4-43所示。

（二）大圆机

大圆机的成圈系统（企业称作进纱路数或成圈路数，简称路数）多、转速高、产量高、花形变化快、织物品质好、工序少、产品适应性强，如图4-44所示。针织大圆机可分为单面系列和双面系列两大类。

图4-43 横机

1. 单面系列

单面系列针织大圆机就是具有一个针筒的机器，具体分为以下几个种类。

（1）普通单面针织大圆机。普通单面针织大圆机成圈系统多、转速高、产量高。普通单面针织大圆机有单针道、双针道、三针道、四针道以及六针道机型，现针织企业中大多使用四针道单面针织大圆机。

（2）单面毛圈机。有单针道、双针道和四针道机型，并且具有正包毛圈机（毛圈纱把地组织纱线包覆在里面）和反包毛圈机（地组织的纱线在织物反面）之分，利用沉降片和纱线的排列组合来编织新型面料。

图4-44 大圆机

（3）三线衬纬机。三线衬纬机也被称作卫衣机或绒布机，具有单针道、双针道和四针道机型，用来生产各类拉毛绒布和不拉毛绒布产品。三线衬纬机利用织针和纱线排列方式来生产新型面料。

（4）单面提花针织大圆机。分为小型单面提花针织大圆机和大型单面提花针织大圆机两种。

①小型单面提花针织大圆机。常见的为机械提花机，改变品种简单、方便、快捷，但转速低、产量低，有提花轮式（俗称花盘式）、拨片式（摆片式）、滚筒式、插片式等几种类型，用来编织生产各类单面小型单面提花面料。

②大型单面提花针织大圆机。常见的为电脑提花大圆机，该机采用计算机程序进行织针选择，实现编织、不编织或集圈，有两功位（成圈和浮线、成圈和集圈）和三功位（一路可以同时编织、集圈和浮线）之分，用来编织大型花纹的针织面料，并且可以变换纱线颜色，有四、五、六和八种颜色的互相变换。电脑提花大圆机大大缩短了产品设计周期，使大圆机产品成本降低，产品质量大幅度提高。

2. 双面系列

双面针织大圆机具有两个针筒，一个上针筒（俗称针盘）、一个下针筒，并且两个针筒是相互垂直配置，即针盘和针筒以90°垂直配置的。主要有以下几种机型。

（1）罗纹机。罗纹机是双面针织大圆机的一个特殊机型，它具有1+1针道（针盘一个针道，针筒一个针道）、2+2针道、2+4针道以及4+4针道，利用三角和织针的相互排列组合以及纱线排列来编织生产新型针织面料。

（2）普通双面大圆机。普通双面大圆机又称棉毛机、多功能机、万能针织机等，同罗纹机一样，它也具有1+1针道、2+2针道、2+4针道以及4+4针道。针织大圆机的企业，为生产更多的花色品种，大多以2+4针道大圆机为主，它是利用三角和织针的相互排列组合以及纱线排列来编织生产新型针织面料。

（3）双面提花针织大圆机。分为小型双面提花针织大圆机和大型双面提花机针织大圆机两种，具体同单面提花针织大圆机。

大圆机的理论产量主要取决于车速、机号、针筒直径、成圈系统数、织物结构参数和纱线细度等因素，可以用产量因数来表达：产量因数=针筒转速（r/min）×针筒直径（cm/2.54）×成圈系统数。圆纬机对加工纱线有较大适应性，能织制的花色品种广泛，还可编织出单件的部分成形衣片。机器结构简单，易于操作，产量较高，占地面积较小，在针织机器中占有很大的比重，广泛应用于内、外衣生产中。但因不能增减针筒中工作针数来改变坯布门幅，所以筒形坯布的裁耗较大。

二、经编

用一根纱线是无法形成经编织物的，一根纱线只能形成一根线圈构成的琏状物，经编织物由多组线圈同时串套成织物，经编线圈和经编机如图4-45所示。

经编

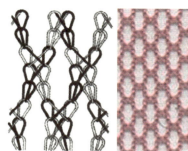

图 4-45　经编线圈和经编机

所有的纬编织物都可以逆编织方向脱散成线，但是经编织物不会脱散，经编织物不能用手工编织。常见经编织物类型有拉舍尔经编织物和特里科经编织物，其中拉舍尔经编织物花形较大，布面粗疏，孔眼多，主要做装饰织物；特里科经编织物布面细密，花色少，但产量高，主要做包覆织物和印花布，这类织物多使用化纤长丝，否则生产效率极低。

三、针织物生产流程

针织物生产流程：纺纱→整经（仅经编）→编织→验布→裁剪。

1. 纺纱

纺纱的目的是使进厂的棉纱卷绕成一定结构与规格的卷装筒子，以满足针织生产之用。在纺纱过程中要消除纱线上存在的一些疵点，同时使纱线具有一定的均匀的张力；对纱线进行必要的辅助处理，如上蜡、上油等，以改善纱线的编织性能，提高生产效率和改善产品质量。

2. 整经（仅经编）

对于纬编织造，纱线经络筒工序实现清纱、上蜡后可直接送入纬编横机或大圆机进行依次串套成圈形成织物。因经编是多根纱线同时串套成织物，故纱线进入经编机之前，需要进行整经，例如，织物总经根数为2400根，经编整经机筒子架容量为600根，则需4个经轴并合，图4-46为经编整经机，图4-47为经编整经机车头。

筒子架

经轴

图 4-46　经编整经机

图 4-47　经编整经机车头

3. 编织

（1）纬编。将纱线沿纬向喂入针织机的工作织针，顺序弯曲成圈并相互串套而形成针织物，如图4-48所示。

（2）经编：几组平行排列的纱线由经向喂入平行排列的工作织针，同时成圈的工艺过程，如图4-49所示。

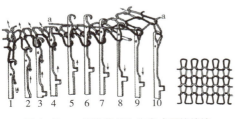

图4-48　一根纱线依次串套成圈的纬编

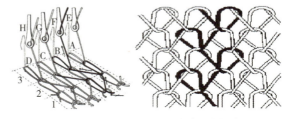

图4-49　多组纱线同时串套成圈的经编

经纱从经轴上同时引下，穿入导纱梳带的导纱针，导纱针围绕织针运动（前后摆动、左右横移），织针同时做上下运动，由此将纱线垫在针上，并在所有工作针上同时成圈。

经编机织造前、后现场如图4-50和图4-51所示。

图4-50　经编机织造前现场

图4-51　经编机织造后现场

4. 验布

验布过程涉及匹数、尺寸以及密度等指标，均要求达到国家对布料的检验标准。

5. 裁剪

针织物布料验布合格以后即可对布料进行裁剪，它会经过断料—借疵—划样—裁剪—捆扎五个流程。这五个流程中借疵是比较重要的，因为这个环节能够提高布料的品质。

第四节　染整流程

一、染整前处理

染整流程

织物必须经过一系列预处理才可以染色、印花，或经过特种处理而改善织物状态。织物加工过程包括坯布检验、翻布、缝头、烧毛、退浆、煮练、漂白、丝光和热定型。

1. 坯布检验

在进行加工之前，都会在坯布间检查坯布是否有错织、污垢、损坏和其他疵点。如果发现问题，将及时采取措施，以保证最终产品的质量，避免损失。由于坯布量大，通常只有10%左右的货物被抽检。检验内容包括规格检验和质量检验两个方面。坯布的规格检验包括长度、宽度、重量、经纬度、密度、强度等指标；坯布的质量检验主要是指纺纱和织造过程中形成的疵点检验，如断头、断纬、漏纱、棉结、油纱、筘路等，如图4-52所示。

验布

图4-52　验布和翻布现场

2. 翻布

为方便管理和避免混淆，通常将相同加工工艺的同一规格原布放在一起处理，分批和分箱。每箱坯布都附有张箱卡，上有批号、箱号和品种，便于管理和检查。

3. 缝头

染整厂加工大部分是连续的。织机上织造的坯布长度通常为30～120m，因此，可以将适量的坯布头尾缝合，以形成连续的长度。缝头是通过链式缝合完成的，缝线易地抽出，织物可以分离。缝纫时，布边必须平整、笔直，且不要将织物的正反面混淆，以防止产生折痕和漏针。缝好后，这些织物将被送入烧毛室。

4. 烧毛

在烧毛过程中，织物表面突出的绒毛被烧去，使布面光洁。通常，织物先高速通过燃烧的煤气火焰，之后进入含水的或含有退浆剂的灭火槽，来熄灭阴燃的纤维，如图4-53所示。织物也可通过靠近炙热的铜板点燃突出的绒毛。烧毛工序有时安排在煮练之后，因为织物在烧毛过程中受热会增加去除浆料和污物的难度。

火口安排为织物在火焰上通过一次，即可得到一面或双面烧毛。烧毛速度可随织物的不同种类，以及煤气火口的数目和热量强度而有所不同。一般来说，气体烧毛机每分钟烧毛80~140 m。烧毛前后织物形态对比如图4-54和图4-55所示。

5. 退浆

在织造前，经纱必须上浆，给纱线施加保护层，在织造时减少了对纱线的摩擦和断头。退浆是从织物的纱线上去除浆料的过程。浆料有天然淀粉类、变性淀粉类，以及合成浆料，

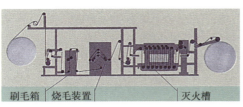

图4-53　烧毛过程

图4-54　烧毛过程实物图

图4-55　烧毛前后织物
形态对比

如聚乙烯醇（PVA）、丙烯酸共聚体和羧甲基纤维素（CMC）等。退浆方式有酶退浆、碱退浆和双氧水氧化退浆等。

6. 煮练

煮练是进一步除杂质的加工过程，以减少杂质对染整的影响。杂质的量和类型取决于织物内纤维的类型。

7. 漂白

漂白的目的是脱除遮掩纤维本白的杂质。采用氧化剂漂白纤维，漂白过程须严格控制，以便既能使纤维中的色素遭到破坏，又能将纤维素纤维的氧化作用造成的损伤降到最低程度。平幅式连续退浆、煮练与漂白一体机如图4-56所示。

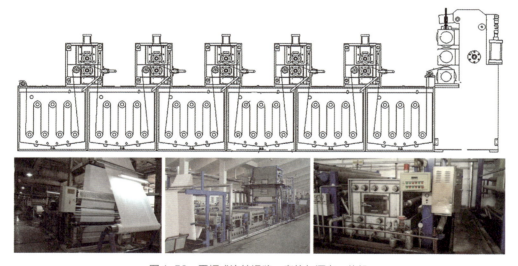

图4-56　平幅式连续退浆、煮练与漂白一体机

8. 丝光

用浓氢氧化钠溶液处理棉织物的过程称为丝光处理。丝光处理是一种应用于纤维素纤维，尤其是棉的化学整理。用碱处理棉织物有许多优良效果，如增加织物光泽（如果在张力下进行）和柔软度，增加织物强度，提高纤维对染料的亲和力，提高未成熟纤维的可染性，并获得高吸水性。直辊式丝光机生产现场如图4-57所示。

图4-57　直辊式丝光机生产现场

9. 热定型

大多数化纤制成的机织物或针织物均需在前处理、染色或整理过程中的某一阶段进行热定型处理。热定型的主要目的是消除机织或针织时所产生的应力；减少湿处理时产生的褶皱，使织物获得高度的尺寸及形态稳定性，以满足后续加工和成品的需要，并且改善织物的可染性。为了取得满意的热定型效果，必须在织物处于"最佳"尺寸时对它施加足够的能量，以削弱和拆开分子链间的作用力，形成新的分子间作用力。

二、染色

染色的目的是使纤维、纱线或面料均匀着色，并往往要配出预先规定的颜色。合成纤维可以在纺丝的过程中着色。纺丝液在压力作用下通过细小的孔洞形成长丝之前，将染料加入纺丝液中。其他合成纤维和天然纤维可以在大染缸内的染液中着色。

（一）染料分类

染料分为活性染料、直接染料、酸性染料、碱性染料（阳离子染料）、分散染料等。

1. 活性染料

活性染料是最常用的染料之一，染料和纤维以共价键连接，色谱广、色牢度高、色泽鲜艳、湿牢度高、经济实用、操作简单。适用性强的特点，很适用于新型纤维素纤维产品（如Lyocell纤维等）印染的需要。活性染料是取代禁用染料和其他类型纤维素用染料（如硫化染料、冰染染料和还原染料等）的最佳选择之一。但是活性染料会产生大量有色废水和含氯离子废水。耐汗渍、耐光色牢度、耐湿摩擦牢度以及偶氮型红色染料与偶氮型蓝色染料在浅色时的耐光色牢度等尚不足以满足市场需求。

2. 直接染料

直接染料对纤维素纤维具有直接的亲和力，染色过程不需要使用媒染剂，染色过程十分简单。

3. 酸性染料

酸性染料是一类结构上带有酸性基团的水溶性染料，在酸性染浴中使用。酸性染料大多数含有磺酸钠盐，能溶于水，色泽鲜艳、色谱齐全。耐光色牢度和耐湿摩擦牢度随染料品种不同而差异较大，不能用于纤维素纤维的染色，主要用于羊毛、蚕丝和锦纶等染色。

4. 碱性染料（阳离子染料）

碱性染料适用于腈纶、涤纶、锦纶与纤维素纤维及蛋白质纤维的染色。其特点是色泽鲜艳，很适合合成纤维，但用于天然纤维素纤维与蛋白质纤维的染色时，其水洗与耐光色牢度很差。

5. 分散染料

分散染料几乎不溶于水，微溶于水。可以用于锦纶、醋酯纤维、丙烯酸纤维等纤维，但主要用于聚酯纤维染色。耐洗色牢度和耐光色牢度比较好。

（二）染色方法

纺织品的染色是通过溶解或分散在介质（通常是水）的染料分子转移到纺织纤维上实现的。染色可以采用间歇式染色工艺或连续式染色工艺，常用的机器有高温高压溢流染色机、卷染机和浸轧染色机。

1. 卷染机

间歇式染色工艺一般采用织物卷染机常用于结构紧密的织物或轻薄织物染色，尽管机器产生的张力相对较大，但织物不会变形。卷染机工作时浴比非常低，产生的张力相对较高，因此非常适合于用亲和力不高的染料染棉机织物，如图4-58所示。

2. 高温高压溢流染色机

高温高压溢流染色机（图4-59）采用间歇式染色工艺，织物染色匀透，色牢度好，适用于聚酯纤维等合成纤维织物和厚重织物的染色。由于织物在松弛无张力下进行染色，因此织物手感丰满、颗粒感强，可形成起皱效果。高温高压溢流染色机有U形管和J形管（俗称斜管机）形式，这种工艺节能环保，但是设备成本较高。

图4-58　织物卷染机　　　　　　　　图4-59　高温高压溢流染色机

3. 浸轧染色机

浸轧染色机（俗称平缸机，图4-60）采用连续式染色工艺，常用于加工大量的能承受张力和压力的织物。浸轧染色的过程如下：先将织物通过染浴，然后经轧辊将多余的染料榨出，最后进入蒸汽或加热箱内固色。

图4-60　浸轧染色机

对于大批量单色染色，连续式染色最为经济。浸轧染色机缺点如下。

（1）对染料的适应性不高。由于不同的染料种类和配方具有不同的特性和适应性，因此在使用浸轧染色机进行染色时，需要根据染料的种类和配方进行不同的调整和操作，这对操作人员的技能要求较高。

（2）对纤维要求较高。浸轧染色机的染液浓度和温度等因素对纤维有很大的影响。一些特殊纤维（如弹性纤维）或处理过的纤维（如漂白过的棉纤维）可能会受到较大的损害，导致染色效果不理想。

（3）操作难度较大。浸轧染色机操作需要严格控制温度、浓度、酸碱度等多个因素，对操作人员的技能水平和经验要求较高。

（4）消耗资源。浸轧染色机染色需要消耗大量的水和电力资源，并且在染色过程中会产生大量的废水和废气，给环境带来一定的压力。

4. 纤维染色

纤维是以短纤或纤维条的形式在染色釜中染色，如图4-61所示。染色釜可分为两类：工作温度达到100℃和超过100℃。染色釜基本由装染液的金属容器和装纤维笼子构成。染色通过染液流过纤维进行，纤维排列确保其整体浸渍均匀，通常，纤维固定而染液循环。这种循环可防止纤维纠缠。

5. 纱线染色

常用于纱线染色的机器有染色釜（图4-62）和绞纱染色机。在染色釜中，将纱线绕在带孔的筒管上染色，染液通过小孔与纱线接触。绞纱染色是用于纱线染色的传统的方法。绞纱染色机按染液与绞纱的接触方式可分为两类，即染色机中绞纱、染液都运动和绞纱静止而染液运动。在第一种机器中，绞纱挂在一个能够旋转的水平支撑管上，支撑管同时还起到染液喂液管的作用，染液在泵的驱动下传递到绞纱中。第二种机器有厢式或柜式染色机，常用于羊毛和棉的染色。此类机器基本上由装染液的金属容器和内有许多用于挂绞纱的支撑管的笼子构成。染液在泵作用下循环流过绞纱如图4-63所示。

图4-61　高温高压散纤维染色机

图4-62　高温高压筒子染色机　　　　　　　图4-63　连续式绞纱染色机

印花　　　　特种印花

三、印花

印花就是定位染色，通常是根据给定的颜色设计，在织物表面印染含有染料或颜料的增稠浆料来实现的。印花使用的染料和染色是相同的。

印花的基本操作包括：先用少量水和适当的增稠剂将染料溶解并调成糊状，然后应用到织物上并立即烘干，再通过汽蒸或加热将染料固定在织物上，最后皂洗和水洗。

1. 平网印花

关键词　花回大、套色多、速度慢

平网印花也称筛网印花，采用筛网局部镂空方式进行色浆印花，如图4-64所示。印花前要先制镂空筛网花版，套色数等于花版数。制版是准确地将要印制的花型先进行分色，并找出循环单元；再将每一花型上的同一种颜色印制在同一筛网上；使花型部位的镂空，并将非花型部位的网眼堵住，以防印花时色浆转移到织物上。常用的制版方法有防漆法、感光法和蜡刻法，现各印染厂主要采用感光法制版。

图4-64　平网印花及其应用

平网印花优点是制版方便，花回长度大，适合大花型，套色多，能印制精细的花纹，且不传色，印浆量多，并附有立体感；缺点是产量较低。平网印花适合丝、棉、化纤等机织物和针织物印花，可能有接版印问题，更适合小批量多品种的高档织物的印花。

以框动式筛网操作为例：依次将绷紧在框架上的、制有花纹的筛网上的色浆，用橡胶刮刀刮印到面料上，就可以一套接一套色地在面料上印成完整的花型。

2. 圆网印花

关键词 花回小、速度快

圆网是印花机的花版，由镍金属制造，能承受印花时色浆和刮刀的压力。每一圆网印花系统都配有给浆系统。套色数等于圆网数。圆网印花花回小，速度快，无接版印问题，适合小花型，如图4-65所示。

图4-65　圆网印花

平网和圆网印花流程：描稿→制版→调色→印花→蒸化→水洗→定型。

3. 数码印花

数码印花是通过喷墨印花的方式，无套色限制，可以印制照片。印花套色几乎无限制，色彩丰富、花型精细逼真、立体感强（图4-66），具有小批量、多品种和反应快的特点。

图4-66　数码直喷印花

4. 转移印花

转移印花也称热转印，先将某种染料印在纸上，再用热压等方式，使花纹转移到织物上的一种印花方法，多用于化纤针织品、服装的印花。转移印花经过染料升华、泳移、熔解、油墨层剥离等工艺过程，如图4-67所示。

图4-67　转移印花设备及其应用

平板转移印花机主要用于服装。在典型的平板转移印花机中，实际的印花区由一块顶板和一块底板组成，这两块板用电直接加热，整个工作面的温度控制在±5℃内。印花工艺分为三个阶段：进布、印花和堆置。在装料位置准备好原料，然后送到电加热头下的位置（印花区）。当传送带停止时，电加热头压下并保持到表盘所设定的时间，与此同时另一件服装在装料位置已准备好。预定时间之后，电加热头抬起，传送带启动并将所印服装送到卸载区，同时新的一件抵达印花位置。

转移印花的优点是：不用水，无污水；工艺流程短，印后即是成品，不需要蒸化、水洗等后处理过程；花纹精细，层次丰富，艺术性高，立体感强，并能印制摄影和绘画风格的图案，灵活性强，市场反应快。

5. 涂料印花

涂料印花，业内也称胶浆印花、颜料印花，印花色浆通过胶黏剂附着在织物表面，色彩鲜艳，成本低廉，但手感和透气性稍差。工艺步骤是：将有色图案印到织物表面，并将已印花的区域在空气中加热焙烘。印花浆料中含有色颜料和黏合剂。在热空气中焙烘时，黏合剂形成紧密的聚合物透明膜，将颜料按图案要求固定在纱线表面。颜料印花的最大优点是固色加工以后织物无须洗涤处理，如图4-68所示。

图4-68　涂料印花面料

6. 发泡印花

发泡印花是在色浆中加入发泡剂和热塑性树脂，经高温焙烘后，发泡剂分解释放出气体，使印浆膨胀而形成立体花型，并借助树脂将涂料固着而使织物获得各种具有浮雕感的花纹，如图4-69所示。

发泡印花工艺流程为画稿、制底版、涂感光胶、晒版、调墨、发泡网印、低温干燥、检验。热压烫发泡温度为115~125℃，可视发泡浆的组成和压烫接触面而适当改变。热压烫发泡时间取决于织物类型、图案、发泡要求等，时间在2~15s。加热台板通常直接接触织物的反面，这样利于发泡发得松软。热压烫压力接近常压。

7. 厚板印花

厚板印花又叫立体厚板印花，材料是胶浆。将胶浆反复印好多层，从而达到非常整齐的立体效果，正常胶浆打底5~8次能达到较为理想的状态。厚板印花在普通的定制T恤衫中运用比较少，一般用在高档的T恤衫中，如图4-70所示。

图4-69 发泡印花面料　　　　　　　　　　　图4-70 厚板印花面料

8. 光变印花

光变印花也称彩虹印花，在染料中加入数种紫外光激发火星微胶粒，经紫外光照射时色彩瞬间发生变化，缺点是容易开裂，不耐洗。常用于文化衫、童装等，如图4-71所示。

9. 烂花

烂花织物一般以涤纶长丝为芯，其外包覆棉或黏胶纤维短纤维的包芯纱，织成坯布后印酸性色浆花纹，再经焙烘与水洗，用酸蚀去浆印部分的棉或黏胶纤维而留下耐酸的涤纶长丝，形成半透明花纹的烂花布。烂花织物具有局部透明、挺爽、透气、立体凹凸的风格，由于与皮肤接触的是外包的棉纤维，因此穿着舒适。烂花机的印酸辊如图4-72所示，烂花布如图4-73所示。

图4-71 光变印花面料　　　　　　　　　　　图4-72 烂花机的印酸辊

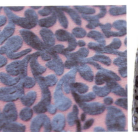

图4-73 烂花布和服装

10. 植绒印花

植绒布是利用高压静电场在坯布上面栽植短纤维的一种产品，即在承印物表面印上黏合剂，再利用一定电压的静电场使短纤维垂直加速植到涂有黏合剂的坯布上，如图4-74所示。

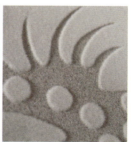

图4-74　静电植绒印花

四、特种整理

特种整理

1. 机械整理

多数机械整理加工可改良织物的外观和手感。这些加工被用于含不同种类纤维的各种织物。它们的主要效果是修饰织物的表面，一般或是使它平滑，或是起绒。两种效果都能引起面料视觉变化，因为它们改变了织物表面的光反射。常见机械整理如下。

（1）预缩。利用预橡胶毯夹持，超喂入织物，使织物潜在收缩。在成为成品之前预先缩回而收到明显降低成品缩水率的效果，这就是预缩的作用。

机械预缩是把织物先经喷蒸汽或喷雾给湿，再施以经向机械挤压，使屈曲波高增大，然后经松式干燥。预缩后的棉布缩水率可以降低到1%以下，并由于纤维、纱线之间的相互挤压和搓动，织物手感的柔软性也会得到改善。毛织物可采用松弛预缩处理，织物经温水浸轧或喷蒸汽后，在松弛状态下缓缓烘干，使织物经、纬向都发生收缩，预缩机示意图和设备如图4-75所示。

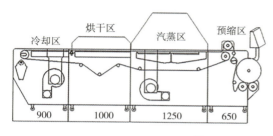

图4-75　预缩机示意图和设备

预缩机的工作过程是使加工织物经居中装置，超喂辊自由落入网式输送带，经输送带输送织物，经汽蒸、松弛、烘干、冷却，达到一定的预缩。

（2）轧光。织物通过两个重压罗拉的压缩，使织物外表平整、光滑，对于冲锋衣、夹克等服装，雨珠和雪花容易滑落。轧光机、轧光面料和服装如图4-76所示。

图4-76　轧光机、轧光面料和服装

（3）磨绒/起毛。利用石英砂纸从织物上挑出纤维，赋予织物绒面效果，也可利用钢针从机织物或针织物上挑出纤维（毛）。用于棉织物的绒布（法兰绒）和粗纺毛织物的起绒（起毛）工序。起绒机操作界面如图4-77所示，法兰绒如图4-78所示。

（4）剪绒。将织物表面绒毛剪掉，赋予其平滑表面。常用于羊毛织物，因羊毛织物不能用烧毛工艺来去除其表面绒毛，螺旋式剪绒（毛）机如图4-79所示。

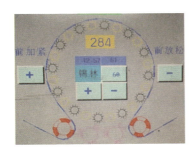

图4-77　起绒机操作界面　　　　图4-78　法兰绒　　　　图4-79　螺旋式剪绒机

2. 化学整理

（1）抗起球整理。由纤维和其他污染物形成的小绒球依靠纤维的联接黏附在织物表面的现象称为起球现象。起球的原因是服装不同部位之间的摩擦，或是织物与其他物体表面的摩擦。

在免烫整理中使用的树脂改变了纱线中纤维的黏附力，通常可以减少起球。对毛织物或毛与化纤混纺织物的防缩整理可以防止纤维的迁移，从而减少起球。

纤维生产厂通过降低纤维强度来减少起球，这样，摩擦生成的纤维球就可能更易从织物表面脱落。织物柔软剂对减少起球也起作用，因为柔软剂可以润滑织物表面，降低摩擦力。

（2）抗静电整理。棉有非常好的抗静电性，很少需要抗静电整理。根本原因是棉的回潮率很高，纤维有足够的导电性使可能积累的静电消散。合成纤维含水率低且不易导电，表面带静电，导致严重的静电问题。

要改变电荷的扩散过程，将其从纤维上脱离。可以使用抗静电剂进行化学整理或使亲水单体与纤维共聚以达此目的。

（3）拒水整理。"拒水"和"防水"的概念不能混淆。拒水织物允许气体而非水透过，它仅阻止水的穿过而不是完全防水，如图4-80所示。任何穿着舒适的衣服必须透气。由于没有气体流动，防水整理的衣物使穿着者感到不自在和不舒服，织物经拒水整理后，能驱开液态水，但保留了空气的可渗透性，这是一个重要的舒适性因素，成衣内部不会变得潮湿、不舒服，而这些都与热损失有关。

（4）碱缩泡绉布。泡绉布是指局部呈凹凸状泡泡的织物，是童衫、女衫、睡衣等透气舒适的服装面料，还可做窗帘、床罩等装饰用布。其加工方法有机织法和碱缩法两种。机织法只能做条形泡泡纱，碱缩法可做花型泡泡纱，图案不受限制。

碱缩泡绉布是利用化学方法将织物上的一部分纱线通过化学处理使之收缩，未收缩的纱线便形成凹凸的泡泡，或者用两种收缩率不同的纤维交织，其中一种纤维通过处理而收缩，另一种纤维则形成凹凸状泡泡。收缩处理有物理法和化学法两种，例如高收缩涤纶与普通涤纶间隔织造，通过热处理使高收缩涤纶收缩，低收缩涤纶则卷曲成泡泡。对于棉和涤纶间隔织造的织物，则可以通过浸轧冷烧碱液使棉收缩，涤纶则卷曲成泡泡，如图4-81所示。

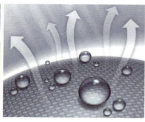
图4-80　织物拒水整理效果示意图

图4-81　碱缩泡绉布
和女上衣

第五章

机织面料识别与应用

本章内容

1. 时尚色织面料
2. 新颖外观面料
3. 典型化纤面料
4. 毛织面料
5. 丝织面料
6. 机织面料典型格型

色织面料

色织面料服装
三维动态效果

第一节　时尚色织面料

一、色织面料的特征

色织面料是指先染纱后织布的织物，也包括先染纤维，再纺纱、织布的色纺纱织物，通过色经纱和色纬纱的不同排列组合、织物组织的变化和或后整理形成混色、条纹、格子、配色模纹、小提花、经起花、纬起花、剪花、孔隙、凹凸、管状、泡绉、弹力、双层或多层以及绒毛感、麻感、绸感、透明感的外观和质地，并可赋予织物一些特殊功能，如防水、防油等。

二、色织物的典型品种

色织物主要品种有色织细纺、色织府绸、色织牛津布、色织青年布、色织牛仔布、色织米通布、色织双层布、色织段染纱面料、色织大提花织物等。其主要特征简述如下。

1. 色织细纺

低特中密度织物，采用细特棉纱、黏纤纱、棉黏纱、涤棉纱等织制，布身细洁柔软，质地轻薄，布面杂质少，适合做夏季轻薄服装，如图5-1所示。

图5-1　色织细纺面料

2. 色织府绸

低特高密织物，平纹组织，经纬密之比为5∶3以上。菱形粒纹效应，手感滑、挺、爽。有缎条、提花（经起花、纬起花、平纹地小提花）、剪花、彩条、剪花、闪色府绸等，用作衬衫面料和裙料，如图5-2所示。

3. 色织牛津布

牛津布面料
服装效果

牛津布特征为色经白纬，细经粗纬，纬纱线密度一般为经纱的3倍左右，呈混色效应、针点效应，织物平整。组织为$\frac{2}{1}$纬重平、方平等，也称双经布，如图5-3所示。

图5-2　经起花、剪花和素色府绸及应用

图5-3　牛津布

4. 色织青年布

混色效应，色经白纬，织物组织为平纹，色泽调和，质地轻薄，滑爽柔软，主要用作衬衫面料，如图5-4所示。

5. 色织牛仔布

色经白纬，粗厚斜纹织物，一般由 $\frac{3}{1}$ 左斜纹组织织制。织物正反异色，经防缩整理。织物的纹路清晰，质地紧密，坚牢结实，手感硬挺，如图5-5所示。

6. 色织米通布

米通布也称米通条，细特、高密，组织为平纹组织，色纱排列：经纱1A1B色，纬纱一色；或经纱一色；纬纱1A1B色排列，如图5-6所示，米通布实际上是府绸织物的一种。

青年布面料
服装效果

图5-4　青年布　　　　　图5-5　牛仔布　　　　　图5-6　米通布

7. 色织绞综布

绞综布也称纱罗，由地经、左右绞转的绞经两组经纱与一组纬纱交织，常采用细特纱并用较小密度织制。织物透气性好，纱孔清晰，布面光洁，布身挺爽，常用作夏季衣料，如图5-7所示。

8. 色织绉布

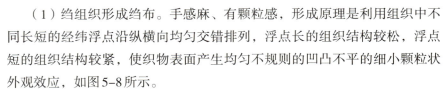
顺纤绉服装效果

（1）绉组织形成绉布。手感麻、有颗粒感，形成原理是利用组织中不同长短的经纬浮点沿纵横向均匀交错排列，浮点长的组织结构较松，浮点短的组织结构较紧，使织物表面产生均匀不规则的凹凸不平的细小颗粒状外观效应，如图5-8所示。

（2）顺纤绉——强捻纬纱绉布。质地透明，手感涩、麻，形成原理是将强捻度的纬纱在一定张力和温湿度条件下"暂时定形"，然后与普通捻度的经纱交织成坯布。坯布在后整理加工中通过热和碱液的作用，破坏了强捻纬纱的"暂时定形"，强捻纱解捻，产生收缩力，从而在织物的经向形成不规则的绉纹，如色织顺纤绉布，如图5-9所示。

图5-7　绞综（纱罗）布　　　　图5-8　绉组织绉布　　　　　　图5-9　色织顺纤绉布

（3）弹力绉布。也称横条泡泡布，利用弹力纱与非弹力纱交织形成泡绉织物，将纯棉纱与氨纶包芯纱按照一定的规律间隔排列进行织造，经后整理加工，消除了织物中的内应力，使氨纶包芯纱得以充分回缩，而纯棉纱由于无弹性无法回缩，被氨纶包芯纱带动而凸起，使织物表面出现泡绉效应。如经向采用纯棉纱，纬向采用纯棉纱与氨纶包芯纱间隔排列，则织物表面形成单向泡绉效应；如经纬两向均采用纯棉纱与氨纶包芯纱间隔排列，则织物表面产生双向泡绉效应。如将PBT弹性纤维与棉等非弹性纤维混纺、交织，织物经整理后也会起绉，弹力绉布和服装如图5-10所示。

（4）碱缩绉布。利用棉纤维受到浓碱液浸渍后，产生收缩的特性，使织物表面形成泡泡。碱缩泡泡纱以纯棉细特纱平纹织物为底坯。浸有浓碱液的布面发生收缩，未浸浓碱液的部分不收缩，在布面形成泡绉效果，如图5-11所示，或在后整理中用浓碱处理棉织物，使织物形成凹凸起皱效应绉布，如图5-12所示。

横条泡泡布

图5-10　弹力绉布和服装　　　　图5-11　局部碱缩绉布　　　图5-12　全幅碱缩绉布

（5）机械抓绒布（图5-13）。采用机械起绒方法的抓绒布等。

（6）双层弹力泡绉布。利用双层接结组织，并在上下层分别采用不同的弹力纱作经纬纱，由于表里层的经纬纱弹力差异，形成上下层的不同收缩效应，上层织物配置较高弹力的经纬纱，收缩率大，形成泡绉，下层为普通纱，较平整，如图5-14所示。

9. 色织双层布

双层布采用接结双层、表里换层等组织，织物柔软、透气性好（图5-15），图5-16（a）为两色表里换层织物结构和实物，图5-16（b）为多色表里换层织物。

图5-13　机械抓绒布　　　　图5-14　双层弹力泡绉布　　　　图5-15　接结双层织物

（a）两色表里换层织物结构和实物　　　　　　（b）多色表里换层织物

图5-16　色织双层布

10. 色织剪花布

剪花布利用经起花组织、纬起花组织、大提花组织和表里换层组织织造后，将局部长浮长线剪断，留下的固结组织起到装饰作用，如图5-17～图5-20所示。

剪花布服装动态效果

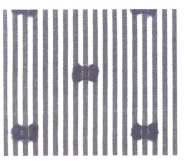

图5-17　经剪花府绸　　　　　图5-18　纬剪花府绸　　　　　图5-19　大提花剪花府绸

第五章　机织面料识别与应用

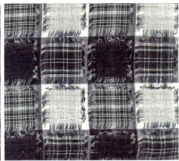

图5-20 双层剪花"乞丐"布及连衣裙

11. 色织泡泡纱

泡泡纱利用地经和泡经两个系统的经纱织造，泡经送经量大于地经送经量，形成泡泡效果，泡经与地经送经长度之比为泡比，通常在（1.2～1.35）：1。外观别致，立体感强，穿着不贴体，凉爽舒适，色织泡泡纱织物和衬衫如图5-21所示。

图5-21 色织泡泡纱织物和衬衫

12. 色织管状布

利用局部双层组织形成纬向管状布，如图5-22所示，以及利用织物背面弹力纬浮长线使织物正面凸起的弹力经向管状布，如图5-23所示，乱管布如图5-24所示。

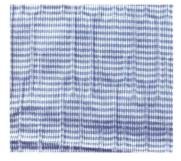

图5-22 纬管布　　　　　　图5-23 纬弹经管布　　　　　　图5-24 乱管布

13. 色织棉麻布

棉麻布是利用棉麻混纺纱织造的布面具有麻节外观的织物，如图5-25所示。

14. 色织CVC织物

CVC织物纤维配比为棉55%/涤45%，以棉为主要成分，旨在保留涤棉织物的快干、免烫和抗皱性好的特点的同时，提高织物的吸湿、柔软和舒适性，如图5-26所示。

15. 色织巴厘纱

巴厘纱采用精梳细特纱、低经纬密度、经纬纱强捻、平纹组织，质地稀薄透明，"薄、透、漏"手感挺爽，布孔清晰，也可采用插筘时，每筘穿入根数疏密变化，增加装饰效应，有白织和色织两种，常用作夏令女装面料，如图5-27所示。

图5-25　棉麻布　　　　　图5-26　CVC织物　　　　图5-27　稀密筘巴厘纱

16. 色织绒布

绒布采用中线密度（如27.8tex）经纬纱、纬纱捻度较小、纬密大于经密及$\frac{2}{2}$、$\frac{2}{1}$或$\frac{3}{1}$组织织造的纯棉坯布，经拉毛或磨绒处理后，织物表面有绒毛、柔软保暖，绒布和衬衣如图5-28所示。

图5-28　绒布和衬衣

17. 色织段染纱面料

段染纱也称印节纱，在纱线上采用断续染色的形式，段染纱织造的布面具有断续的印节纱效果，具有斑驳感，也有如笔刷画出来的独特效果，如图5-29所示。

18. 色织中长仿毛面料

将高收缩或异形中空涤纶切断成毛纤维长度（51～65mm），与黏胶纤维、腈纶等短纤维在棉纺设备上混纺成纱线，经染纱、织造，后整理形成具有毛型感风格的面料，涤黏（T/R）中长仿毛面料和休闲西服如图5-30所示。

图5-29　段染纱面料

图5-30　涤黏中长仿毛面料和休闲西服

19. 色织大提花织物

大提花织物一般为经纱为本色纯棉纱，纬纱为有色棉纱、有色有光黏胶丝、涤纶丝或者桑蚕丝等，采用大提花织机织造，如图5-31所示。

图5-31　大提花织机和色织织物

20. 色织曲线布

采用异形筘织造，在打纬时，钢筘使经纱偏斜与纬纱交织形成曲线效应，如图5-32所示；或者利用纬弹经管结构，在织物不同区域，配置不同的纬纱弹力浮长线，形成弹力聚集区和舒缓区，形成经向的弧线效应，具有流动感、韵律美，如图5-33所示。

图5-32　利用异形筘织造的曲线布　　　　图5-33　弹力经管
　　　　　　　　　　　　　　　　　　　　　　曲线布

第二节　新颖外观面料

利用染整设备进行轧纹、烂花、预缩、起毛、剪花、轧光、植绒等方式，可形成独特的布面纹理效果。

一、特殊整理面料

（一）轧纹整理面料

利用热压将金属辊上的花纹压到布面上形成凹凸纹样，如图5-34所示。

图5-34　轧纹整理面料

（二）烂花整理面料

常见烂花整理为经纬纱采用涤纶芯丝外包棉短纤维的涤棉包芯纱织造，后整理时，在花型部位将含酸印花糊料印到坯布上，并经焙烘、水洗，使腐蚀、焦化后的棉纤维被洗除，得到涤纶丝组成的半透明的花纹图案。烂花布所用的原料除涤棉外，还有涤黏、维棉、丙棉等。烂花布的花纹有立体感，透明部分如蝉翼，透气性好，布身挺爽，如图5-35所示。

（a）涤棉（黏）烂花布　　　　（b）烂花雪纺　　　　　　　（c）烂花丝绒面料

图5-35　烂花整理面料

（三）静电植绒面料

利用静电使绒毛极化竖立，在织物上将绒毛按设计的图案用胶黏接而形成的具有立体效果的织物，如图5-36所示。

图5-36　静电植绒面料和服装

（四）压绉和泡绉整理面料

利用机械压力（压绉）、化学整理（泡绉）使织物表面收缩或产生折痕，使面料产生各种压绉的肌理感，如图5-37所示，服装如图5-38所示。

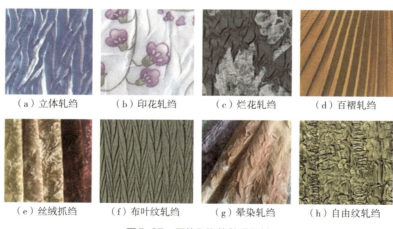

（a）立体轧绉　　（b）印花轧绉　　（c）烂花轧绉　　（d）百褶轧绉

（e）丝绒抓绉　　（f）布叶纹轧绉　　（g）晕染轧绉　　（h）自由纹轧绉

图5-37　压绉和泡绉整理面料

图5-38　泡绉和压绉布服装

（五）立体仿绣剪花面料

仿绣剪花面料是在后整理工序，利用剪花装置剪掉织物背面的长浮长线，经剪花织物组织和结构图如图5-39所示。

立体仿绣剪花面料色彩丰富、工艺复杂，有立体感、层次感、剪纸效果、流苏效应等，彰显独特的面料肌理，立体仿绣剪花面料如图5-40所示。

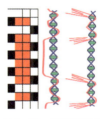

图5-39　经剪花织物组织和结构图

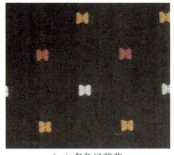

（a）多色经剪花

（b）大提花巴厘纱剪花

（c）大提花雪纺剪花

（d）双层大提花剪花+印花

（e）大提花剪花+绣花

（f）流苏经剪花

（g）金银彩丝大提花剪花

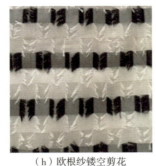

（h）欧根纱镂空剪花

（i）剪花面料女装

图5-40　立体仿绣剪花面料

（六）液氨整理织物

用在负压设备中，用液氨整理纯棉色织面料，使之进行抗皱性、褶皱回复性、尺寸稳定性增加的高附加值整理，也称形态安定整理或免烫整理，如图5-41所示。

图5-41　液氨抗皱整理免烫衬衫

二、特殊组织结构和织造方式面料

（一）仿针织面料

仿针织面料会产生孔隙效应外观，仿针织面料及其织物组织图如图5-42所示。

图5-42　仿针织面料和织物组织图

（二）局部剪花织物

将透孔组织和经起花组织复合，形成局部双层组织，后整理时在织物背面剪去局部经起花组织的浮长线，形成局部镂空、局部彩条效果，如图5-43所示。

（三）弧形曲线效应布

经向弧形曲线效应布（图5-44）的大部分经纱互相不平行，纬向弧形曲线效应布则是纬纱互相不平行。弧形曲线效应布是用特制的V型钢筘（图5-45）在生产时上下移动，使部分经纱或纬纱左右扭曲形成的。

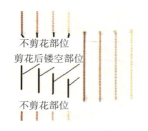

图5-43　局部双层剪花镂空法　图5-44　经向弧形织物　图5-45　弧形曲线效应布用V型钢筘

（四）波纹曲线效应布

波纹曲线效应布的原理是利用平纹和一组浮长线相间排列，借助浮长线的拉力，实现平纹纹样的"由方到圆、由直到曲"的变形。波纹曲线效应布由平纹区和经浮长区组成，依靠经浮长的拉力将平纹区的左右两端拉向中间靠拢，中间段分别被拉向上下两侧，使平纹区扭曲成波纹状，如图5-46所示。

（五）圆形曲线效应布

圆形曲线效应布与波纹曲线效应布原理类似，也是利用纱线浮长线或者透孔组织，将平纹区拉伸变形，但是不同之处是在平纹区四周沿经纬两个方向的浮长线，将原有的平纹"方块"四周拉伸变形成圆形，如图5-47和图5-48所示。

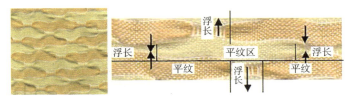

图5-46　波纹曲线效应布及其形成示意图

图5-47　圆形效应及形成示意图

图5-48　透孔圆形效应示意图

（六）组织点渐变成圆形外观织物

通过渐次减少方平组织组织点的浮长线长度，实现视觉上"从方变圆"的效果，圆形外观效应实物如图5-49所示，组织渐变形成圆形效应如图5-50所示。

图5-49　圆形
外观效应实物图

图5-50　组织渐变形成圆形效应示意图

（七）仿刺绣浮纹织物

以往刺绣织物要分成织造和刺绣两个工序完成，浮纹织造方式则可同步完成。多尼尔（ORW）开口式钢筘织造技术使刺绣工序成功整合到织造过程中。因此，织造和刺绣能在多尼尔织机上同步进行，采用模块化设计。织机在通常织造的操作时保留着全部的织造功能和完整应用范围。

织造原理如下：钢筘的上部开放，通过特殊的导纱针将刺绣纱引入钢筘和综框之间。这些刺绣纱通过一个分路和一个可移动的导纱针进入织造过程。这个分路由位于综框上部的一套附加的经停装置和转向系统构成，如图5-51所示。

利用特殊刺绣针随着织造进行在织物表面不断按一定轨迹移动，将刺绣纱上下织入织物形成浮纹刺绣外观效应织物，绣纱沉入下层梭口后，与纬纱交织，被引入织物。这在织物表面形成了一种按提综图、在一定范围内可被自由控制的、类似于刺绣花型的引纬效果，如图5-52所示。该技术能应用于多尼尔剑杆和喷气织机系统。

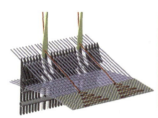

图5-51　仿刺绣浮纹织物织造原理及织机

（a）单刺绣轴织造的织物　　　　（b）双刺绣轴织造的织物

图5-52　仿刺绣浮纹织物

三、特定风格服饰面料

（一）青花风格色织面料

青花瓷以其古朴宁静的器形、素淡雅致的色彩、温润细腻的质地、柔和的光泽以及蕴含中华传统文化寓意的纹饰之美让人情有独钟。青花瓷艺术因其匠心独具的器形美、色彩美、质地美、纹饰美，在面料设计中有诸多应用。结合色织生产工艺技术特点，将艺术性和织造工艺技术可行性、经济性有机结合起来，让绚烂多彩的古典艺术焕发出现代光彩。青花风格面料和服装如图5-53～图5-55所示。

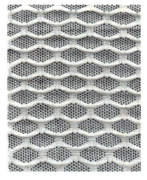

图5-53 古典青花风格面料　　图5-54 浮雕青花风格面料　　图5-55 青花风格服装

（二）立体风格面料

1. 视觉形成的立体风格面料

通过织物组织、线条、色块、光影明暗的变化，可以使人眼产生错觉，将平面的织物误认为具有立体效应。

（1）配色模纹组织形成立体风格。通过色经和色纬的色相、明度协调与对比、结合织物的配色模纹组织产生如阶梯状的空间立体感，如图5-56所示。

（2）色条宽度渐变形成立体风格。利用同一色条色纱排列宽度的渐变与组合，将直线排列转换成曲面凹凸感排列，由于浮长线变化，还形成波纹感，如图5-57所示。

（3）色相和明度渐变形成立体风格。利用色纱色相和明度渐变，与背景相互映衬，形成空间立体感，如图5-58所示。

图5-56 配色模纹立体感　　图5-57 色条宽度渐变立体感　　图5-58 明度渐变立体感

2. 表里换层组织形成立体风格

采用表里换层组织，配合色经和色纬的排列组合，形成如编织状的空间立体感，如图5-59所示。

3. 花式纱立体风格面料

花式纱与普通纱间隔排列与经纱交织可以产生立体效应，如牙刷纱织物，牙刷纱穿入的筘齿间隙要加宽（可剪去相邻筘齿），以保证织造进行，如图5-60所示。

4. 雪尼尔纱立体风格面料

采用雪尼尔纱做纬纱的交织方式形成立体风格面料，可降低织造难度，增加美观，如

图5-61所示。

图5-59　表里换层编织感

图5-60　牙刷纱立体风格面料

图5-61　雪尼尔纱立体风格面料

（三）渐变色、朦胧格面料

将不同对比色或者明度、色相渐变的经纬纱利用配色模纹组织，组织点疏密有致排列，形成新颖的配色格型，或呈现色彩缤纷的效果，或呈现由明到暗渐变的影光感、空间感，赋予织物独特的风格，具有朦胧感、影光感、韵律美，如图5-62～图5-65所示。

图5-62　影光感渐变

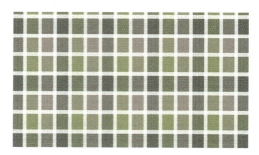
图5-63　近似色格子面料

图5-64　色相渐变条格面料

图5-65　朦胧格面料的服装

（四）基于多臂织机的画面感面料

基于多臂织机，采用对称穿法、并列穿法、旋转法、延长纬向循环根数、剪花，辅以色纱的对比、渐变等形成仿大提花的画面感面料，如图5-66所示。

图5-66 基于多臂织机的画面感面料

第三节 典型化纤面料

化纤面料　　化纤羽绒服三维
　　　　　　　动态展示

一、春亚纺

春亚纺最为常见的品种有半弹、全弹春亚纺等，用作
服装衬里辅料，如图5-67所示，主要品种如下。

1. 半弹春亚纺

经线采用涤纶FDY60旦/24F为原料，纬线采用涤纶
DTY100旦/36F为原料；经、纬密度为386根/10cm×280根/
10cm，俗称为170T。成品布面幅宽为150cm，平纹组织，
克重100g/m²左右。采用喷水或喷气织机织造，坯布经软
化、减量、染色、定型。

图5-67 春亚纺

半弹春亚纺有涤纶丝的光泽，手感柔软滑爽，不褪色，
光泽亮丽，可制作彩旗。产品染整后经机械高温整烫轧光轧花工艺，属环保型深加工，使
里料色泽亮丽、透气性好，特别是轧花里料与提花里料。

2. 全弹春亚纺

全弹春亚纺品种繁多，规格齐全，其中240T、300T市场最为受宠。

经、纬线都采用涤纶DTY75旦/72F（网络丝），织物采用$\frac{1}{2}$斜纹或$\frac{1}{3}$斜纹，成品布面
幅宽为148cm。全弹春亚纺适合用作羽绒服、休闲夹克衫等，防水涂层处理后可制作防水
服、雨伞、雨披、遮阳棚等。

消光春亚纺属全弹春亚纺系列一族，该面料经、纬线都采用涤纶DTY75旦/72F或50旦/72F（网络丝），色泽柔和，有咖啡色、藏青色、土黄色等。

二、塔丝隆

锦纶或涤纶长丝和锦纶或涤纶空气变形丝织成的织物，如图5-68所示。通常经线用70旦锦纶长丝，纬线用160旦、250旦、320旦等锦纶空气变形丝，也有单纬、双纬（250旦×2）、三纬（160旦×3）之分。常用组织有平纹、$\frac{2}{2}$斜纹和小提花组织。

图5-68　塔丝隆

1. 子母条消光塔丝隆

经线采用70旦锦纶全消光丝，纬线采用160旦锦纶空气变形丝；经、纬密度为430根/10cm×200根/10cm。采用提条纹组织，布面有提条状，坯布先经松弛精练、碱减量处理、染色，后经柔软、定型。织物风格粗犷，手感滑爽，透气性好，每米约重158g。

2. 320旦半光塔丝隆

产品原料规格为70旦×320旦，在喷水织机上以平纹组织织造，绒感好，厚实。

3. 228T消光塔丝隆

产品原料规格为70旦×160旦（空气变形丝），在喷水织机上以平纹组织织造，经染色、定型、涂层等处理。

三、麂皮绒

1. 风格特征

织物手感柔软，有糯性，悬垂性好，质地轻薄。由海岛型复合超细纤维制得的麂皮绒，其开纤后形成超细原纤起绒，具有极好的蓬松性、覆盖性和保暖性，防水、透气、透湿，有极强的去污能力，仿真皮效应好，主要用于擦拭布等吸湿日用品及夹克衫等休闲服，如图5-69所示。

图5-69　麂皮绒

2. 麂皮绒纤维成分

麂皮绒纤维采用海岛纤维加工，海岛型复合超细涤纶是由一种聚合物以极细的形式（原纤）包埋在另一种聚合物（基质）之中形成的，又因分散相原纤在纤维截面中呈现岛屿的状态，而连续相基质呈现海的状态，因此形象地称为海岛纤维。海岛型复合超细涤纶中海成分是碱溶性的，在染整开纤过程中海成分被溶掉后就可以得到超细纤维（岛成分），海岛型复合超细涤纶是复丝，常规单纤维数一般为48F或96F，这些单纤维并非都是海岛型复合涤纶，也含有高收缩丝（为了使织物收缩，有利于形成绒面效果）。

3. 麂皮绒织物的分类

按照织物成型技术的不同，麂皮绒分为机织麂皮绒、针织麂皮绒和非织造麂皮绒三大类。非织造麂皮绒因采用海岛型复合超细涤纶短纤维经非织造和聚氨酯涂层加工，内部结构和外观风格更像皮革，故又称为人造麂皮或仿麂皮。针织麂皮绒是以海岛型复合超细涤纶为原料经过经编织造成针织物后再开纤磨绒和染整加工而成。机织麂皮绒按照海岛纤维做经纱还是做纬纱不同，分为以下几类。

（1）经向机织麂皮绒。海岛纤维做经纱，其他原料做纬纱，充分体现经面浮长，给以后的磨毛创造条件。经纱用105旦，纬纱75～600旦。纬纱采用单纬或双纬。白坯克重为100～300g/m²，织物组织有五枚缎纹和变化缎纹。生产中分条整经流程短，成本低，适用多品种小批量的生产模式。

（2）纬向机织麂皮绒。经纱以75旦DTY或100旦DTY做骨架，纬纱采用105～225旦海岛纤维，有单纬和多纬之分。织物组织有五枚缎纹、变化斜纹以及方格小提花等。

（3）全海岛机织麂皮绒。经纬纱均采用海岛纤维，布面绒感强烈、细密。

四、PU合成革

PU是英文polyurethane的缩写，中文名称为聚氨酯。PU合成革就是聚氨酯成分的表皮。广泛用于制作箱包、服装、车辆和家具装饰。加工步骤如下。

（1）在弹性海岛麂皮绒基布上涂覆聚氨酯。

（2）用烘干定型机烘干定型。

（3）磨毛，制成麂皮绒面革。

超细纤维PU合成革的三维结构网络布为合成革在基材方面创造了赶超天然皮革的条件。该产品结合新研制的具有开孔结构的PU浆料浸渍、复合面层的加工技术，发挥了超细纤维巨大表面积和强烈的吸水性作用，使超细纤维PU合成革具有束状超细胶原纤维的天然革所固有的吸湿特性，因而不论从内部微观结构，还是从外观质感及物理特性和人们穿着舒适性等方面，都能与天然皮革相媲美。此外，超细纤维PU合成革在耐化学性、质量均一性、生产加工适应性以及防水、防霉变性等方面更超过了天然皮革，如图5-70所示。

图5-70　PU合成革

五、尼丝纺

由锦纶长丝织制，经纬线原料采用70旦，可采用平纹组织、变化组织（菱形格、锦纶六边格、尼龙牛津格），分为中厚型（80g/m²）及薄型（40g/m²）两种。坯绸的后加工有多种方式，有的可经精练、染色或印花；有的可轧光或轧纹；有的可涂层。经增白、染色、印花、轧光、轧纹的尼龙纺，织物平整细密，绸面光滑，手感柔软，轻薄而坚牢耐磨，色泽鲜艳，常用作男女服装面料。涂层尼丝纺不透风、不透水，且具有防羽绒性，常用作滑雪衫、雨衣、睡袋、登山服的面料，如图5-71所示。

图5-71　尼丝纺

六、涤塔夫

涤塔夫为涤纶丝平纹绸仿真丝，外观上光亮，手感光滑，可用作面料和里料，如图5-72所示。

图5-72　涂层涤塔夫

七、桃皮绒

桃皮绒是由超细纤维组成的一种薄型织物。经染整加工中精细的磨绒整理，表面产生紧密覆盖的约0.2mm的短绒，犹如水蜜桃表面，如图5-73所示。

图5-73　桃皮绒

八、乔其纱

乔其纱俗称雪纺，是以强捻绉经、绉纬织制的一种涤纶长丝织物，经丝与纬丝采用S捻和Z捻两种不同捻向强捻纱，按2S、2Z相间排列，平纹组织，经纬密度很小，如图5-74所示。坯绸经精练后，由于丝线的退捻作用而收缩起绉，形成绸面布满均匀的绉纹、结构疏松的乔其纱。

图5-74　雪纺

九、顺纡绉

顺纡绉纬丝只采用一种捻向，经向呈凹凸褶裥状不规则绉纹。质地轻薄透明，手感柔爽，富有弹性，外观清淡雅洁，具有良好的透气性和悬垂性，穿着飘逸、舒适。顺纡绉的轻重、厚薄、透明度以及绸面绉缩效应等取决于丝线的粗细、并合数、捻度以及经纬密度，适于做连衣裙等，如图5-75所示。

图5-75　顺纡绉

十、双绉

双绉为平纹组织，经丝用无拈单丝或弱拈丝，纬丝用强拈，织造时二左二右拈向，依次交替织入，精练后织物表面起隐约的细致绉纹。双绉质地轻柔、坚韧、透气、富有弹性，适宜做夏季面料，绸身比乔其纱重，如图5-76所示。

图5-76 双绉

十一、色丁

化纤长丝缎纹面料，分为纬面缎纹（sateen）和经面缎纹（satin），如图5-77所示。

1. 无捻色丁

经线采用涤纶FDY大有光50旦/24F，纬线采用涤纶DTY75旦无网络丝（加捻）为原料，采用缎纹组织在喷水织机上交织而成。由于经丝采用大有光丝，布面轻薄、柔顺、舒适、光泽好，布料既可染色，又可印花，可做睡衣等。

图5-77 色丁

2. 弹力色丁

弹力色丁是被织入氨纶丝的面料，以涤纶FDY大有光50旦或DTY75旦+氨纶40旦为原料，采用缎纹组织交织而成。面料轻薄、柔顺、弹性、舒适、光泽，可做休闲裤装、运动装、套装等。

3. 竹节色丁

竹节色丁采用涤纶FDY大有光三角异形丝75旦；纬丝以150旦竹节丝为原料，采用缎纹变化组织，经喷水织机织造，克重约为$180g/m^2$。应用单次减量处理和环保型染色，采用大有光丝和竹节丝的巧妙组合搭配，使布面呈缎面光亮和竹节状风格效应。面料具有手感柔软、穿着舒适、耐穿免烫、光泽亮丽等优点，适宜做秋装女士休闲套装等。

此外，还有无捻色丁、加捻色丁、仿真丝弹力色丁、消光弹力色丁、婚纱缎、富贵绸等，以及色丁印花、轧花、烫金、压折等各种深加工产品，产品适用于服装、鞋材、箱包、家纺等。

十二、阳离子面料

阳离子面料是全涤面料，一般是在经向使用阳离子丝，纬向使用普通涤纶丝，有时为了达到更好的仿麻效果，会使用涤纶丝和阳离子丝两组成分纤维混纺，染色时也分别用染料，涤纶丝用普通染料，阳离子丝用阳离子染料，布面效果有双色效应，如图5-78所示。

经丝采用涤纶DTY100旦+阳离子DTY100旦，纬丝采用涤纶DTY100旦交织而成，经向由这两种丝分组排列（因原料成分不同，染色时着色深浅各异，染色后易成直条），经纬采用提条组织结构，在喷水织机上交织。坯布经松弛→精练→碱减量处理→染色（分散染料、阳离子染料）→柔软定型。织物手感柔软、不易褪色、抗皱耐磨、吸水性好、染色缸差小。

图5-78　阳离子面料

十三、欧根纱

欧根纱是用母丝经过一系列假捻、分纤工序，织造出来的织物，透明度、光泽度均比一般材质的纱要好，触摸起来柔软、有轻盈感。欧根纱较硬，比较挺括，染色后颜色比较鲜艳，可以制作成透明和半透明的轻纱，常被用来制作婚纱、窗帘、演出服、连衣裙、丝带、装饰品等，如图5-79所示。

图5-79　欧根纱

十四、SPH四面弹力面料

SPH纤维是一种新型弹性纤维，是将PTT、PET两种不同热力学性能的聚酯纤维经并列复合纺丝制成的，然后经过松弛热处理加工形成类似羊毛细而密的三维立体结构的卷曲纤维，其拉伸回弹性能接近于氨纶，弹性持久性优于氨纶，并具有易染色、色牢度好等优点。SPH四面弹力面料柔软蓬松，弹性好，拉伸易变形，拉伸回复性能好，如图5-80所示。

图5-80　SPH四面弹力面料

十五、CEY四面弹力面料

CEY纤维又叫弹力复合纤维，用其织造的面料有优良的永久回弹性，柔和、干燥的手感，它是由SSY和全消光POY经过独特的复合工艺复合而成的新型双组分弹力纤维，SSY和全消光POY是两种截然不同的涤纶，SSY是全牵伸的双组分FDY永久弹性纤维，全消光POY是预牵伸单组分涤纶，如图5-81所示。

图5-81　CEY四面弹力面料

十六、双层泡绉布

采用聚酯DTY丝和弹力纱，采用局部双层组织，在喷水织机织造，利用其双层部分和平纹部分弹力浮长线收缩程度不同，形成泡绉，如图5-82所示。

图5-82　双层泡绉布

十七、有光 / 半光 / 消光丝绸

有光黏胶纤维，聚酯纤维或半光铜氨纤维的织品。

第四节　毛织面料

毛织面料

毛织面料服装三维动态展示

　　毛织面料分为纯纺、混纺和化纤纺三类。纯纺毛织面料利用绵羊毛织成，可混入一定成分兔毛、山羊绒、马海毛、驼毛等动物毛，为便于纺织或改进织物性能，也可混入少量棉花或合成纤维。混纺毛织面料可利用绵羊毛和一种或几种化学纤维按不同比例进行混纺后织成。化纤纺毛织面料是指利用一种或几种毛型化学纤维在毛染整设备上制成的仿毛织风格织物。

　　按生产工艺流程不同可以分为精纺毛织面料、粗纺毛织面料和长毛绒三类。精纺毛织面料是用精梳毛纱织制，纤维长而细，梳理平直，纱线结构紧密。精纺毛织面料表面光洁，织纹清晰，多数品种需经过烧毛、电压等处理以改进织物的外观质量。粗纺毛织面料是用粗梳毛纱织制，因纤维至精梳毛机后直接纺纱，纱线中纤维排列不整齐，结构蓬松，外观多绒毛。粗梳毛纱纤维长度短，毛纱较粗，一般在50tex以下，多采用单纱织造。织物较厚重，大多数品种需经缩绒、起毛处理，使织物表面被一层绒毛覆盖。长绒毛是经纱起毛的立绒织物，主要品种有海虎绒和兽皮绒。

一、精纺毛织面料

　　精纺毛织面料的品种有哔叽、啥味呢、华达呢、花呢、凡立丁、派力司、女衣呢、贡呢、马裤呢、巧克丁、克罗丁。

1. 哔叽

　　$\frac{2}{2}$右斜纹组织，纹路倾角为45°～50°，正反面纹路相同，方向相反。纯毛哔叽选用（34～12.5）tex×2（30/2～80/2公支）细羊毛，混纺哔叽采用黏胶纤维或涤纶与羊毛混纺，化纤以涤黏较多。按呢面可分为光面哔叽与毛面哔叽。光面哔叽表面光洁平整，纹路清晰；毛面哔叽经轻缩绒工艺，毛绒浮掩呢面，由于毛绒短小，底纹斜条仍明显可见。按纱粗细和织物重量可分为厚、中、薄三种。按原料可分为毛涤、毛黏、毛黏锦哔叽和涤黏哔叽，如图5-83所示。

2. 啥味呢

　　啥味呢有轻微绒面，外观与哔叽相似。由染色毛条与原色毛条按一定比例成分混条

梳理后，纺成混色毛纱织制，采用$\frac{2}{2}$或$\frac{2}{1}$右斜纹组织，纹路倾角为45°～50°。线密度常用（17～28）tex×2（36/2～60/2公支），以细羊毛为主，也有黏胶纤维、涤纶或蚕丝与羊毛混纺。织物质量为220～320g/m²。织物经轻微缩绒整理，呢面有短绒，毛面平整，手感软糯，有身骨，有弹性，光泽自然，斜纹隐约，色泽素雅，以灰色、米色、咖啡色为主，可做春秋衫和西裤等，如图5-84所示。

3. 华达呢

$\frac{2}{2}$斜纹组织，经密大（约为纬密的两倍），质地紧密，织纹倾角53°，比哔叽大。除纯毛外，可使用羊毛与涤纶、腈纶、黏胶纤维混纺，还可用纯化纤纺制。按织品上的纹路可分为双面斜纹、单面斜纹和缎背华达呢。双面斜纹华达呢正反两面外观相似；单面斜纹华达呢正面有明显的斜纹线，反面则无；缎背华达呢采用缎背组织织造，表组织为$\frac{2}{2}$斜纹，里经浮于织物反面，反面光滑如缎。华达呢既有匹染又有条染，缎背华达呢通常只采用条染。色泽以藏青为主，另有米色、灰色、咖啡色和原色等，适宜做套装、西装和大衣，如图5-85所示。

图5-83　哔叽　　　　　　　图5-84　啥味呢　　　　　　　图5-85　华达呢

4. 花呢

花呢是采用有色毛纱或混色毛纱织成各种不同花型、质地、质量的织品。花呢是精纺毛织物的主要产品大类，多为条染，可用不同色彩的纱线，如素色、混色、异色合股、各种花式线，正反捻排列组成格、条、点子花纹等。光面花呢要求呢面光洁平整，不起毛，花纹清晰。毛面花呢经轻缩或重洗，以洗代缩或洗缩结合。根据织物克重分类，克重在195g/m²以下的称为薄花呢，克重在195～315g/m²的称为中厚花呢，克重在315g/m²以上的称为厚花呢。按原料可分为纯毛、混纺和纯化纤花呢。按花色可分为素花呢、条花呢、格子花呢、海力蒙等。常见花呢如下。

（1）素花呢。外观无明显条格的中厚花呢，采用条染复精梳工艺，先将毛条染成各种深浅不同的颜色，精拼色混条纺成各单色毛纱，再并成花色线作为经纬织造而成。品质特点是：呢面上有非常细小的不同色泽花点，均匀地散布于全匹上，远看像素色，近看有微小的色点，显得素雅、大方、别致。

（2）条花呢。外观有明显条子的中厚花呢，是在素花呢的基础上，再用单色纱作嵌条线或用组织变化构成不同的条纹而成。条花呢分为阔条、狭条、明条、隐条等数种。条型宽度在10mm以上的称为阔条花呢，条型宽度在5mm以下的称为狭条花呢。用色纱或组织变化构成的条型与地色有明显区别的称为明条花呢；反之，用正反捻向纱分别排列的称为隐条花呢，如图5-86所示。

图5-86　条花呢

（3）格子花呢。在条花呢基础上，运用构成条子花型的方法，在纬向做同样的安排，使之条型垂直相交，成为大小不同的格型。图5-87为苏格兰花呢和裙子。

（4）海力蒙。采用山形斜纹，呢面纬向呈水浪形，经向呈人字形，人字条的宽度为5～20mm，经纱用浅色，纬纱用深色，花纹清晰，正反面纹路相同，如图5-88所示。

图5-87　苏格兰花呢和裙子　　　　　　　　　　图5-88　海力蒙

（5）单面花呢。利用双层平纹组织构成的中厚花呢，织物正反面不一定相同，正面凸凹条纹清晰，反面则模糊不清。手感丰富，表面细洁、弹性优良、光泽自然。其中，高级牙签条花呢是西服的高级衣料。

（6）凉爽呢。具有轻薄透凉、滑爽、挺括、弹性良好、易洗快干、穿着适宜等特色，又名毛的确良，适合制作春夏季男女套装、衫裙等。

5. 凡立丁

薄型织物，纱支较细，捻度较大，精纺呢绒中经纬密度最小。有全毛、混纺及纯化纤三大类，混纺凡立丁多用黏胶纤维、锦纶、涤纶或三者并用，如图5-89所示。

6. 派力司

先把部分毛条染色后，再与原色毛条混条纺纱，形成混色纱平纹织物。呢面散布有均匀的白点，并有纵横交错隐约的雨丝条纹。在精纺呢绒中，派力司的单位质量最轻。派力司与凡立丁的区别：凡立丁是匹染的单色，派力司是混色，以中灰、浅灰色为多。派力司质地细洁轻薄，常用作夏令面料，如图5-90所示。

图5-89 纯毛凡立丁面料和西装　　　　　图5-90 派力司

7. 女衣呢

经纬纱都用高纱支的双股线，也有纬纱用单纱，色泽鲜艳明亮，可采用平纹或斜纹、绉地和各种变化组织、联合组织或双层组织、提花组织，花色变化较多。身骨较轻薄、松软。女衣呢手感柔软，有弹性，色泽鲜艳，光泽自然，呢面织纹清晰。也可经轻微缩绒工艺加工成短细毛绒呢面，以及嵌夹金银丝等。品质特点是纱支高、结构松、身骨薄、质地细洁、花纹清晰、色彩艳丽，适用于春秋两季女装面料，如图5-91所示。

8. 贡呢

贡呢是精纺呢绒中经纬密度较大而又较厚重的中厚型品种，采用各种缎纹组织。由于织纹浮点长，呢面光亮，表面呈现细斜纹，右斜纹倾角为75°以上的称为直贡呢，倾角为50°左右的称为斜贡呢，倾角为15°左右的称为横贡呢，通常所说的贡呢以直贡呢为主。除纯毛品种外，另有毛涤、毛黏等。贡呢大多为匹染素色，且以深色为主，如藏青色、灰色、黑色，其中黑色的贡呢称为礼服呢，织纹清晰、质地厚实，用作西服面料，如图5-92所示。

9. 马裤呢

马裤呢较厚重，坚固耐用，多用双股毛线织成。因最早用作马裤料，故名马裤呢，常染为深色，用作外套、大衣的面料等。马裤呢常采用变化急斜纹组织构成，纱线粗，捻度大，呢面有粗壮的斜纹线。右斜纹，倾角为63°～76°，其经密大于纬密（近一倍），因此，织物结构紧密，手感厚实而有弹性，保暖性好。马裤呢有匹染素色和条染混色两种，适宜做军大衣、西裤等，如图5-93所示。

图5-91 女衣呢　　　　图5-92 贡呢　　　　图5-93 马裤呢

10. 巧克丁

巧克丁为斜纹变化组织，纹道比华达呢粗但比马裤呢细，斜纹间的距离和凹进的深度不相同，第一根浅而窄，第二根深而宽，如此循环而形成特殊的纹形，其反面较平坦无纹。

巧克丁使用细羊毛为原纱，除纯毛织品外，也有涤毛混纺巧克丁。织品条形清晰，质地厚重丰满，富有弹性，有匹染和条染两种，色泽以原色、灰色、蓝色为主，宜做春秋大衣、便装等，如图5-94所示。

11. 克罗丁

克罗丁以高级细羊毛为原料，经纱为股线，纬纱多用单纱，经纬密度为（12.5~20）tex×2（50/2~80/2公支），纬经比为0.6左右，单位面积质量为280~370g/m²。织物组织采用纬面加强缎纹，呢面有阔而扁平的条和狭而细斜的凹条间隔排列，正面带有轻微的毛绒，反面较光洁。克罗丁采用匹染，以原色、灰色为主，也有条染混色的，主要用作大衣、上衣和礼服等如图5-95所示。

图5-94　巧克丁和西服　　　　图5-95　克罗丁

二、粗纺毛织面料

粗纺毛织面料是以粗梳毛纱织制而成的织物。粗梳毛纱多为单纱，纱比较粗，为62.5~400tex（2.5~16公支），强力低，绒毛多，故粗纺毛织物手感柔软、蓬松丰厚。粗纺呢绒依照产品风格和染整工艺特点划分，可分为呢面、绒面和纹面三大类，其中以呢面织物为主。

1. 麦尔登

麦尔登是一种品质较高的粗纺毛织物，表面细洁平整、身骨挺实、富有弹性，有细密的绒毛覆盖织物底纹，耐磨性好，不起球，保暖性、防风性好等特点。

采用细支散毛混入部分短毛为原料纺成62.5~83.3tex毛纱，采用$\frac{2}{2}$或$\frac{2}{1}$斜纹组织，呢坯经过重缩绒整理或两次缩绒而成。原料有全毛、毛黏或毛锦黏混纺。以匹染素色为主，作为冬令大衣面料，如图5-96所示。

图5-96　麦尔登及服装

2. 大衣呢

大衣呢为厚型织品，采用斜纹或缎纹组织，也有单层、纬二重、经二重及经纬双层组织。原料以分级毛为主，少数高档品也选用支数毛，根据大衣呢的不同分格还可配用一部分其他动物毛，如兔毛、驼毛、马海毛等。由于使用原料不同，组织规格与染整工艺不同，大衣呢的手感、外观、服用性能差异较大，有平厚、顺毛、立绒、拷花、花式大衣呢等五个主要品种，如图5-97所示。

（a）顺毛大衣呢　　　（b）立绒大衣呢　　　（c）拷花大衣呢　　　（d）花式大衣呢

图5-97　大衣呢

（1）平厚大衣呢。采用$\frac{2}{2}$斜纹或纬二重组织，经缩绒或缩绒起毛而得。呢面平整、匀净、不露底，手感丰厚、不板不硬。以匹染为主，如黑色、藏青色、咖啡色等，混色品种以黑色、灰色为多。

（2）顺毛大衣呢。顺毛大衣呢采用斜纹或者缎纹组织，利用缩绒或者起毛整理，绒毛倒伏、紧贴呢面，呢面毛绒平顺整齐，手感顺滑。原料除羊毛外，常混用羊绒、兔毛、驼毛、马海毛等。

（3）立绒大衣呢。立绒大衣呢采用破斜纹或纬面缎纹，呢坯经洗呢、缩绒整理、重起毛、剪毛等工艺，使呢面上有耸立的绒毛，富有弹性，光泽柔和。以匹染素色为主。

（4）拷花大衣呢。拷花大衣呢采用纬二重组织织造的双层效果的人字或水浪形凹凸花纹，采用质量较好的羊毛混山羊绒，属高档大衣呢。

（5）花式大衣呢。花式大衣呢采用平纹、斜纹、纬二重、小提花组织织造，质地较轻，纹面有人字、圈、点、格等配色花纹组织，织纹清晰，手感有弹性，不板硬。

3. 海军呢

海军呢外观接近麦尔登，织纹被绒毛覆盖，不露底、质地紧密，但手感和身骨比麦尔登差。海军呢采用$\frac{2}{2}$斜纹组织，原料采用细支毛混入部分短毛，如图5-98所示。

4. 制服呢

制服呢的组织、规格、风格均与海军呢相仿，原料采用三级、四级改良毛，故品质略逊于海军呢，绒毛不丰满，隐约可见底纹，手感粗糙。除纯毛外，也有毛、黏胶纤维、腈纶、锦纶混纺织物，如图5-99所示。

图5-98　海军呢

5. 女士呢

女士呢的呢面密度比较疏松，正反均有毛绒覆盖，但不浓密，手感柔软，悬垂性好。采用$\frac{2}{2}$斜纹，有纯毛，也有毛黏、毛腈、毛涤黏等混纺织物，如图5-100所示。

6. 法兰绒

法兰绒是混色粗疏毛纱织制的带有夹花风格的粗纺毛织物，呢面由一层丰满细洁的绒毛覆盖，不露织纹，手感柔软平整，比麦尔登稍薄。

生产过程是先将部分羊毛染色，后掺入一部分原色羊毛，均匀混纺成混色毛纱，织品经缩绒、拉毛整理。法兰绒多采用斜纹组织，也有平纹组织；原料除纯毛外，还有毛黏混纺，有时为提高耐磨性，加入少量锦纶。色泽素净大方，以灰色系为主，适宜做男女春秋上装，如图5-101所示。

7. 粗花呢

粗花呢的外观特点就是"花"，与精纺呢绒的薄花呢相仿，利用两种以上的单色纱、混色纱、合股色线、花式线与各种花纹组织配合，织成人字、条、格、星点、提花、夹金银丝的织物。粗花呢组织有平纹、斜纹和变化组织，有全毛、毛黏、毛涤黏、毛黏腈混纺织物。外观风格有呢面、纹面和绒面三种。呢面有短绒、微露织纹，质地紧密、厚实，手感稍硬，后整理采用缩绒或者轻缩绒，不拉毛或者轻拉毛。纹面花纹清晰，光泽鲜艳，身骨挺而有弹性，后整理不缩绒或者轻缩绒。绒面有绒毛覆盖，手感较柔软，后整理采用轻缩绒、拉毛工艺。粗花呢主要用作春秋女装面料，如图5-102所示。

图5-99　制服呢

图5-100　女士呢

图5-101　法兰绒

图5-102　粗花呢和服装

8. 钢花呢

钢花呢采用彩点纱织造，彩点粒子均匀散布呢面，如炼钢钢花，为毛黏混纺织物，如图5-103所示。

图5-103　钢花呢和服装

9. 海利斯

海利斯采用斜纹组织，多为三级、四级毛，呢面上有不上色的腔毛，形成独特的粗犷风格。混纺海利斯加入黏胶纤维，呢面经缩绒后，双面均有绒毛，呢面粗糙，织纹清晰。海利斯是大众化服装面料，如图5-104所示。

图5-104　海利斯面料和服装

第五节　丝织面料

一、丝绸的大类

丝织面料　　丝织面料服装
　　　　　　三维动态展示

根据织物组织、经纬线组合、加工工艺和绸面表现形状，丝绸品种可划分为14大类，其中除纱、罗、绒不论花部、地部组织外，其他大类均按地部组织分类。每大类绸面都可具有素（练、漂、染）或花（织花、印花）等。丝绸的分类见表5-1。

表 5-1　丝绸 14 个大类和特征

序号	品种	技术特征	织物图片
1	纺	应用平纹组织，采用白织或半色织工艺，经纬一般不加捻或弱捻，绸面较平挺，质地轻薄坚韧	
2	绉	应用平纹组织或其他组织，经或纬加强捻，或经纬均加强捻，呈明显绉柳并富有弹性的织品	
3	缎	应用缎纹组织，绸面平滑光亮	
4	绫	应用斜纹组织或变则斜纹组织，绸面呈明显斜向纹路	
5	纱	全部或部分应用纱组织，由甲、乙经丝每隔一根纬丝扭绞而成	
6	罗	全部或部分应用罗组织，由甲、乙经丝每隔一根或三根以上的奇数纬丝扭绞而成	
7	绒	全部应用绒组织，绸面呈绒毛或绒圈状	

序号	品种	技术特征	织物图片
8	锦	应用缎纹组织、斜纹组织或重组织，花纹精致、多彩绚丽	
9	绡	应用平纹组织或收纱组织，轻薄透孔	
10	呢	应用各种组织和较粗的经纬丝线，质地丰厚，有毛型感	
11	葛	应用平纹组织、斜纹组织及其变化组织，经密纬疏，经细纬粗，质地厚实，绸面呈横向梭纹	
12	绨	应用平纹组织，长丝作经，棉或其他纱线为纬，质地较粗厚	
13	绸	应用平纹组织或变化组织，经纬交织紧密	
14	绢	应用平纹组织，质地细腻、平整、挺括	

纺织服装面料识别与应用

二、丝绸的小类

1. 服饰常用的丝绸品种

（1）双绉类。应用平纹组织，经无捻，纬采用二左二右（2S、2Z）强捻丝，绸面呈均匀绉效应，如图5-76所示。

（2）乔其类。应用平纹组织，经纬采用二左二右强捻丝，质地稀疏轻薄，绸面有纱眼和绉效应，如图5-105所示。

（3）碧绉类。经无捻，纬丝采用2根桑蚕丝22.22/22.42dtex（2/20/22旦），加S捻，16捻/cm，再并1根2.22/22.42dtex（1/20/22旦）桑蚕丝，加Z捻，16捻/cm，呈细密绉纹，如图5-106所示。

（4）顺纡绉类。经无捻，纬丝用单向强捻丝，绸面呈纵向绉效应，如图5-75所示。

（5）塔夫类。应用平纹组织，经纬先练染，质地细密挺括。

（6）电力纺类。桑蚕丝（柞蚕丝）生织平纹织品，如图5-107所示，电力纺香云纱，如图5-108所示。

（7）双宫类。全部或部分采用双宫蚕茧丝，丝上有丝结瑕疵，双宫绸如图5-109所示，由于不便于织造，以往被用作蚕丝被填充用。近年作为一种时尚面料，成衣有一定的廓形，面料上起起伏伏的颗粒感让其在自然光线下和灯光下呈现不同的光泽，丝结纹理对面料起到一定的装饰作用。

图5-105　乔其纱和服装　　　　　图5-106　碧绉　　　　　图5-107　电力纺面料和女装

图5-108　电力纺香云纱　　　　　图5-109　双宫绸面料和服装

（8）疙瘩类。全部或部分采用疙瘩、竹节丝，呈疙瘩效应，如图5-110所示。

（9）立绒类。经过立绒整理，如图5-111所示。

图5-110　疙瘩绸和服装　　　　　　　图5-111　乔其立绒面料和连衣裙

（10）拉绒类。经过拉绒整理，如真丝天鹅绒，如图5-112所示。

（11）特染类。经或纬丝采用扎染等特种染色工艺，呈二色及扎染花色效应，如图5-113所示。

（12）闪光类。采用有光超光异形断面合成纤维长丝纯织或与真丝交织，呈闪光效应，如图5-114所示。

（13）印经类。经丝印花后再行织造，与色织段染纱织物原理相似，如图5-29所示。

（14）提花类。在大提花织机上织造的大提花丝绸织品，如图5-115所示。

图5-112　拉绒面料和服装　　　　　　图5-113　扎染丝绸和服装

图5-114　闪光丝绸和服装

图5-115　提花丝绸和服装

（15）修花类。经过修剪的提花织品，即剪花丝绸，如图5-40所示。

（16）绢纺类。经纬均采用绢丝的平纹织品，如图5-116所示。

（a）绢纺坯绸 　　　　　　　　　（b）绢纺莨绸（香云纱）

图5-116　绢纺面料

2. 其他丝绸品种

（1）薄纺类。应用桑蚕丝生织，克重在36g/m²及以下的平纹织品。

（2）绵绸类。经纬均为平纹织品，绸面粗犷，丰厚少光泽，手感柔糯。经和纬均采用34.5tex（29公支）单股丝。

（3）星纹类。应用绉组织的织品。

（4）罗纹类。单面或双面呈轻浮横条的织品。

（5）花线类。全部或部分采用花色捻线或拼色线的织品。

（6）条子类。绸面呈现横直条形花纹的织品。

（7）格子类。绸面呈现格形花纹的织品。

（8）透凉类。应用假纱组织，构成似纱眼的透空织品。

（9）色织类。全部或部分采用色丝的织品。

（10）双面类。应用三重组织，正反面均具有同类型斜纹或缎纹组织的织品。

（11）凹凸类。具有凹凸花纹的织品。

（12）山形类。应用山形或锯齿斜纹组织，呈明显山形或锯齿花形的织品。

（13）光类。采用金银钱（或铝皮）纯织或交织，呈亮光效应的织品。

（14）生类。采用生丝织造，不经精练的织品。

（15）和服类。门幅在40cm以下，或整幅中织有各40cm以下开剪缝，供加工和服专用。

（16）大条类。经纬采用柞大条丝的平纹织品。

（17）缂丝类。通过通经断（回）纬的方式织造出以平纹组织为基础花纹的特种丝织品。

第六节　机织面料典型格型

　　根据经纬色纱排列和织物组织形成的配色模纹形成的织物典型格型，主要应用于色织面料和毛织面料。

1. 朝阳格

采用平纹组织织造，经纬两色以等距间隔排列，形成规整的方格纹样，稳重和平衡中有色彩的变化，如图5-117所示。

图5-117　朝阳格面料和服装

2. 苏格兰格

采用斜纹组织，采用多种颜色的经纬纱的套格形式，颜色采用明暗对比，格型较大，风格粗犷，适宜用作秋冬服装面料，如图5-118所示。

图5-118　苏格兰格面料和服装

3. 千鸟格

采用$\frac{3}{3}$等加强斜纹组织，根数相同的色经条A和色经条B间隔排列，同时，根数相同的色纬A和色纬B间隔排列，经纬交织，形成配色模纹效应，如图5-119所示。

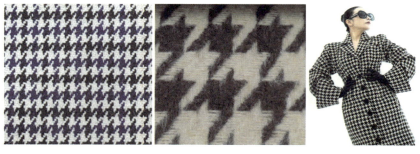

图5-119　千鸟格面料和服装

4. 格林格

格林格也称威尔士亲王格。颜色多以黑、灰、白组合，偶尔还会夹杂其他颜色细线。风格复古，低调中显高级，深受英国王室推崇，现代社会中，广受都市人士欢迎，一般用于西装和风衣等。

格林格由若干根宽条组成宽条纹条带，与若干根细条组成的细条纹条带间隔排列，在纵横两宽条纹条带交织处形成千鸟格，而细条纹条带与宽条纹条带交织处则无千鸟格纹样，如图5-120所示。

图5-120　格林格面料和服装

5. 渐变格

利用色纱色相或明度的渐变排列，经纬交织后形成朦胧、阴影的效果，具有韵律美，显得优雅内敛，如图5-121所示。

图5-121　渐变格面料和服装

6. 犬牙格

犬牙格形似千鸟格，采用$\frac{4}{4}$等方平或斜纹组织，根数相同的不同颜色的色经（纬）条间隔排列，交织后形成错落的阶梯状效应，如图5-122所示。

图5-122　犬牙格面料

第六章

针织面料识别与应用

第一节　纬编针织面料

纬编基本组织包括纬平针组织、罗纹组织、双反面组织及其变化组织。

一、纬平针类针织面料

（一）纬平针组织的概念及特性

纬平针组织又称平针组织，是单面纬编针织物中的基本组织，其正反面结构如图6-1所示，它由连续的、结构相同的单元线圈向一个方向串套而成。

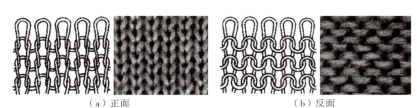

（a）正面　　　　　　　　　　　　（b）反面

图6-1　纬平针组织结构图

纬平针类针织面料的主要特点：线圈易歪斜，卷边性明显（织物横列边缘卷向织物正面，纵行边缘卷向织物反面），脱散性大，延伸性好，并可形成结构、光泽明显不同的正反面效应。

（二）典型纬平针类针织面料

纬平针面料俗称汗布，汗布质地轻薄，延伸性、弹性和透气性好，能够较好地吸附汗液，穿着凉爽舒适。在针织服装上常应用于春夏季T恤、时装、秋冬季内衣、运动休闲服装等，也可广泛应用于复合面料、服装配件等。纬平针面料是最常见的、应用最广泛的针织面料。市场上常见的汗布有普通汗布、氨纶弹力汗布、丝光棉汗布、竹节汗布、色织彩条汗布、印花汗布、扎染汗布、烂花汗布、强捻纱汗布等。

1. 普通汗布
同一种单纱或者双纱编织而成，如图6-2所示。

2. 氨纶弹力汗布
由氨纶丝和另外一根纱如棉或涤纶同时编织成圈的结构，氨纶弹力汗布的延伸性和弹性好，适用于紧身内衣、运动衣等面料，女装应用多于男装，如图6-3所示。

图6-2 普通汗布面料和服装

图6-3 氨纶弹力汗布面料和服装

3. 丝光棉汗布

指纱线经过丝光处理或面料经过丝光处理的棉汗布，即纱线或面料在有张力的情况下，经过烧碱处理而成。丝光棉汗布手感更顺滑，不易起球，抗皱性好，挺括性和保型性更好，有着丝绸般的光泽度，染色性能好，染色后色彩鲜艳，不易掉色，如图6-4所示。

图6-4 丝光棉汗布面料和服装

4. 竹节汗布

竹节纱线忽粗忽细，用竹节纱原料编织而成的汗布布面均匀分布着类似竹节一样的凸起，形成了特殊纹理和风格，花型突出，风格别致，如图6-5所示。竹节纱有三个最主要的参数：节和节之间的距离、节的长度以及节最粗的地方和最细的地方的规格，这些参数影响着竹节汗布的风格。

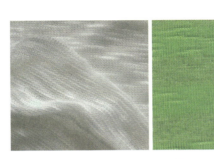

图6-5 竹节汗布面料和服装

5. 色织彩条汗布

在不同路数的纱嘴穿不同颜色的纱线可以形成条纹效果汗布，条纹的宽度和配色可根据设计调整，如图6-6所示。

6. 印花汗布

各种原料的汗布，可通过印花工艺形成所需要的图案，如图6-7所示。

图6-6　色织彩条汗布面料和服装　　　　　　　　图6-7　印花汗布

7. 扎染汗布

汗布还可以通过扎染工艺形成特色扎染效果，如图6-8所示。

图6-8　扎染汗布面料和服装

8. 烂花汗布

烂花工艺是通过在面料上刮印可以腐蚀原料成分的化学品，并经焙烘、水洗，使腐蚀、焦化后的纤维被洗除，得到半透明的花纹图案，具有刺绣效果。烂花汗布有凹凸立体感，在烂花的地方薄、透，面料轻盈、飘逸、透气、装饰性强，多用于男女时装，如图6-9所示。

图6-9　烂花汗布面料和服装

9. 强捻纱汗布

采用强捻精梳纱编织而成的纬平针面料，具有麻纱感，手感凉爽，吸湿性好，有身骨，尺寸稳定性好，是高档时装、职业装的理想面料，如图6-10所示。

图6-10 强捻纱汗布面料和服装

二、罗纹类针织面料

（一）罗纹组织的概念及特性

罗纹组织是由正面线圈纵行和反面线圈纵行以一定组合相间配置而成。图6-11为1+1罗纹组织结构，由一个正面线圈纵行和一个反面线圈纵行相间配置而形成。罗纹组织通常用正反面线圈纵行数的组合来命名，如1+1罗纹、2+2罗纹或3+2罗纹等。

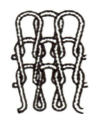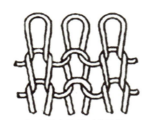

（a）自由状态时的结构　　　（b）横向拉伸时的结构　　　（c）面料实物

图6-11 1+1罗纹组织结构

罗纹类针织面料的特点：横向的延伸性和弹性特别好，1+1罗纹组织在织物边缘沿横列方向只能逆编织方向脱散，顺编织方向不脱散。在正反面线圈纵列数相同的罗纹组织中，由于造成卷边的力彼此平衡，并不出现卷边现象；在正反面线圈纵列数不同的罗纹组织中，虽有卷边现象但不严重。罗纹组织线圈不发生歪斜。

罗纹类针织面料可以用于弹力衫、紧身衣等，此外，还大量用作衣服的下摆、袖口、领口和门襟等边口部位。

（二）典型罗纹类针织面料

1. 四平罗纹面料

四平罗纹面料平滑密实，自然状态下呈现正面线圈，如图6-12所示。

2. 1+1罗纹面料

运用精梳棉原料编织的精梳棉1+1罗纹面料手感手软，亲肤性好，弹性大，适用于制作贴身穿着的打底服装，如图6-13所示。

图6-12 四平罗纹面料　　　　　图6-13 1+1罗纹面料和服装

3.2+2罗纹面料

2+2罗纹面料正反面坑条效果明显，横向弹性大，多用于服装领口、袖口、下摆等边口位置或者弹力衫，如图6-14所示。

图6-14 2+2罗纹面料和服装

4.宽罗纹面料

正面线圈数和反面线圈数差异较大，常用于制作紧身T恤等女装，如图6-15所示。

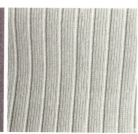

图6-15 宽罗纹面料和服装

5.色织横条罗纹面料

不同种类的罗纹组织都可以通过改变纱线颜色编织成横条纹效果，如图6-16所示。

图6-16 色织横条罗纹面料和服装

6. 印花罗纹面料

在罗纹面料基础上进行印花处理可形成各种图案的罗纹面料，既保留了罗纹面料自身弹性好的特点，又增加了罗纹面料的花色效果，如图6-17所示。

图6-17　印花罗纹面料和服装

三、双反面类针织面料

双反面组织是由正面线圈横列和反面线圈横列相互交替配置而成，典型面料如下。

1. 1+1双反面针织面料

1+1双反面组织由一个正面线圈横列和一个反面线圈横列交替编织而成。双反面组织由于弯曲的圈柱力图伸直，导致织物两面的线圈圈弧向外突出，而圈柱凹陷在里面，因而当织物不受外力作用时，织物两面都呈现圈弧状外观，类似于纬平针组织的反面，故称双反面组织，如图6-18所示。在双反面组织中，由于线圈圈柱朝垂直于织物平面方向倾斜，织物纵向缩短，因而增加了织物的厚度与纵向密度，且织物在纵向具有很大的弹性和延伸性，使织物纵横向延伸性相近。与纬平针组织一样，双反面组织可以在边缘横列沿顺、逆编织方向脱散。

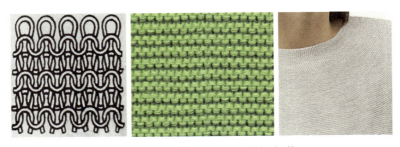

图6-18　1+1双反面组织、面料和服装

2. 正反针组织面料

改变正面线圈和反面线圈的配置可以形成不同花纹且有凹凸感的变化双反面组织，该组织原理简单且在电脑横机上容易实现，在针织面料设计上的应用较多，如图6-19所示。

图6-19　正反针组织面料和服装

四、双罗纹类针织面料

双罗纹组织又称棉毛组织，是由两个罗纹组织彼此复合而成，即在一个罗纹组织的反面线圈纵行上配置另一个罗纹组织的正面线圈纵行，1+1双罗纹组织线圈结构如图6-20所示，纱线1和纱线2分别各编织一个1+1罗纹横列，这样，在织物的两面都只能看到正面线圈，即使在拉伸时，也不会显露反面线圈纵行，因此亦被称为双正面组织。由于双罗纹组织是由相邻两个成圈系统形成一个完整的线圈横列，因此在同一横列上的相邻线圈在纵向彼此相差约半个圈高。

双罗纹类针织面料又称为棉毛布，面料厚实，保形性好。用棉、黏胶纤维、彩棉、大豆纤维、莫代尔纤维、竹纤维等原料的纱线编织而成的棉毛布具有较好的亲肤性、保暖性、透气性，常用作秋衣、秋裤、睡衣、家居服、婴儿服装等。与氨纶交织形成的棉毛布，称为弹力棉毛布，布面更为紧致，手感丰满、柔软保暖，且弹性极好，用作保暖内衣，颇受消费者欢迎。化纤类的棉毛布可用作时装、休闲服、运动服，也可经涂层或复合后用作特殊行业防护面料或人造革复合基布，典型面料如下。

纵条棉毛布服装动态模拟

1. 普通棉毛布

采用同一种单纱或者双纱编织而成，如图6-21所示。

2. 纵条棉毛布

由于双罗纹组织每一横列是由两根纱线组成，因此，如果采用两种不同色纱编织，可以形成彩色纵条效果，如图6-22所示。

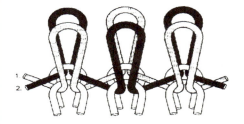

图6-20　1+1双罗纹组织线圈结构图

图6-21　普通棉毛布

图6-22　纵条棉毛布面料和服装

3. 横条棉毛布

在不同横列中采用不同色纱进行编织，可以形成彩色横条效果，如图6-23所示。

4. 彩色方格棉毛布

将以上两者结合起来，则可以形成彩色方格棉毛布，如图6-24所示。

图6-23　横条棉毛布面料和服装

图6-24　彩色方格棉毛布
面料和服装

五、集圈类针织面料

集圈组织是在针织物的某些线圈上，除套有一个封闭的旧线圈外，还有一个或几个未封闭悬弧的一种纬编花色组织，其结构单元为线圈和悬弧。具有悬弧的旧线圈形成拉长线圈，集圈的悬弧可以跨过1针、2针或多针，在一枚针上连续集圈的次数一般可达到7~8次。

集圈组织也可分为单面集圈和双面集圈组织，下面介绍几种市场上常见的集圈类针织面料。

（一）单面集圈针织面料

单面集圈组织是在单面组织基础上形成的，通过不同的集圈排列与色纱配置，可使织物表面具有多种色彩效应与结构效应，常见的有图案、色彩、网眼、凹凸以及绉（泡泡纱）效应等。

1. 单面集圈网眼面料

一般集圈列数越高（以不超过5列为宜），凹凸效应越明显，织物网孔增大，单针多列集圈面料集圈点交叉分布，编织密度较松，具有明显的网眼效果，适合用作春夏季服装，如图6-25所示。

图6-25　单面集圈网眼面料和服装

2. 珠地网眼集圈面料

珠地网眼集圈面料由针织单面圆机所织。可采用纯色形成素色珠地网眼面料；可采用色纱编织形成色织横条珠地网眼面料；可加氨纶形成弹力珠地网眼面料；也可在珠地网眼面料上印花形成印花珠地网眼面料，如图6-26所示。珠地网眼集圈面料又分为单珠地网眼和双珠地网眼集圈面料两种，布面具有明显的凹凸效果，透气、透湿性好，保形性好。珠地网眼集圈面料多采用棉、棉涤混纺、莫代尔纤维、竹纤维等原料，是针织T恤、休闲外套、运动服等针织服装的常用面料。

（a）素色珠地网眼集圈面料　（b）色织横条珠地网眼集圈面料　（c）弹力珠地网眼集圈面料　（d）印花珠地网眼集圈面料

图6-26　珠地网眼集圈面料

3. 色彩效应集圈面料

当集圈采用色纱编织时，利用悬弧被拉长的（不脱圈）线圈所遮盖而呈现在织物反面的特点，可产生色彩效应，如图6-27所示。

图6-27　色彩效应集圈面料和服装

（二）双面集圈针织面料

双面集圈组织是在罗纹组织或双罗纹组织的基础上形成的集圈组织，典型面料如下。

1. 半畦编面料

也叫单元宝、单鱼鳞面料，集圈只在一个针床形成，一面线圈有悬弧，另一面线圈没有悬弧，两个横列完成一个花型循环，由于结构不对称，织物两面具有不同的密度和外观，由于下机后集圈悬弧力图伸直，使与悬弧相邻的线圈呈圆形鱼鳞状。半畦编面料丰满，厚实，宽度较大，常用作秋冬季毛衫、帽子、围巾等，如图6-28所示。

2. 畦编面料

也叫双元宝、双鱼鳞面料，集圈在织物的两面形成，两面外观相同。畦编面料厚实，手感柔软、蓬松，用作秋冬季服装以及装饰性荷叶边，如图6-29所示。

图6-28　半畦编面料和服装

图6-29　畦编面料和服装

六、提花类针织面料

提花组织是将纱线按花纹要求垫放在所选择的某些织针上进行编织成圈的一种花色组织，分为单面提花组织和双面提花组织，典型面料如下。

（一）单面提花针织面料

单面提花又叫浮线提花或虚线提花，织机背面不选针，有单色、双色、多色等不同效果，由平针线圈和浮线组成，有单面均匀和单面不均匀两种结构形式。单面均匀提花面料正面由色彩不同的线圈组合形成花纹图案，反面有浮线，如图6-30所示。单面不均匀提花面料一般为单色，正面具有拉长线圈，反面具有浮线，有时可利用反面凸起的浮线效果，将面料反面作为花纹效应面，如图6-31所示。单面提花针织面料手感柔软，悬垂性好，弹性较好，轻薄，适用于男装或女装T恤衫、时装等。采用较细的棉纱与黏胶长丝交织，或棉与锦纶、涤纶有光长丝交织的单面提花面料可用于女士背心、内裤、胸衣、睡衣、睡裙等。涤纶、锦纶长丝包芯纱交织的弹力提花面料，弹性优越，可用作各种时装、泳衣、女士紧身面料等。

在单面提花针织面料中，连续浮线的次数不宜太多，一般不超过4~5针。一方面在编织时，过长的浮线将会改变垫纱的角度，可能使纱线垫不到针钩里去；另一方面，在面料反面过长的浮线也容易引起勾丝和断纱，影响服用性能。为了解决这个问题，在花纹较大时，可以在长浮线的地方按照一定的间隔编织集圈线圈，以保证垫纱的可靠和减少浮线的长度，而集圈线圈也不会影响面料的花纹效应，只可能使面料的平整度受到影响。

图6-30　单面均匀提花面料

图6-31　单面不均匀提花面料和服装

（二）双面提花针织面料

双面提花组织是在双面针织机上编织而成，其花纹可以在织物的一面形成，也可以在织物的两面形成，面料正反面都呈现正面线圈，不易钩丝。双面提花针织面料大多采用色纱或色丝编织，常用的纱线有棉纱、毛纱、混纺纱等，或者采用短纤维纱与化学纤维长丝交织，在实际生产中，大多采用在面料的正面按照花纹要求提花，反面按照一定结构进行编织。面料表面平整，在纱线线密度与织物密度都相同的情况下，双面提花针织面料比单面提花针织面料厚实、保暖，延伸性小，尺寸稳定，挺括，不易起皱，适合用作外衣面料，如T恤、外套、大衣、衣裙及时装。按照反面效果的不同可以分为：横条提花、芝麻点提花、空气层双面提花面料等。

1. 横条提花面料

反面横条提花面料的反面为单色横条循环，所有纱线在正面按照花型要求出针编织，这种提花面料正反面线圈的高度有差别，色纱数越多，正反面线圈纵密的差异就越大，从而会影响正面花纹的清晰度及牢度。因此，设计与编织反面横条提花面料时，色纱数不宜过多，一般2～3色为宜，如图6-32所示。

（a）正面　　　　　　（b）反面

图6-32　横条提花面料和服装

2. 芝麻点提花面料

芝麻点双面提花组织的反面为均匀点状分布的 V 形线圈，所有纱线在正面按照花型要求出针编织，并且不管色纱数多少，面料反面每个横列的线圈都是由两种色纱编织而成，并呈一隔一排列，其正反面线圈纵密的差异随色纱数不同而变化，当色纱数为2时，正反面线圈纵密比为1∶1；当色纱数为3时，正反面线圈纵密比为2∶3。在这些组织中，因两个成圈系统编织一个反面线圈横列，因此正反面线圈纵密差异较小。且由于面料反面不同色纱线圈分布均匀，减弱了露底的现象。芝麻点提花面料布面平整，花色效果丰富，厚实挺括，不同图案、不同原料的芝麻点提花面料可广泛用于不同风格的针织服饰，如图6-33所示。

图6-33　芝麻点提花面料和服装

3. 空气层双面提花面料

织物两面均按照花纹要求选针编织，通常前后针床选针互补。当编织两色提花时，正反面花型相同，但颜色相反，形成正反面颜色互补的色彩效应，如图6-34所示。

图6-34　两色空气层双面提花面料和服装

七、纱罗组织类针织面料

纱罗组织是在单、双面纬编基本组织的基础上，按照花纹要求，将某些针上的线圈移到与其相邻的针上，从而形成相应的花式效应，典型面料如下。

1. 网眼类针织面料

根据花纹要求，将某些针上的线圈移到相邻针上，使被移处形成网眼效应，被称为空花或挑花。网眼类针织面料花色别致，质地轻薄，透气性好，可用作春夏季T恤或时装等，含棉或莫代尔等纤维素纤维原料的网眼面料适用于夏季婴幼儿服装，如图6-35所示。

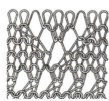

图6-35　纱罗网眼组织线圈结构图和网眼面料

2. 绞花类针织面料

如果将两组相邻纵行的线圈相互交换位置，就可以形成绞花效应，俗称拧麻花。根据相互移位的线圈纵行数不同，可编织2×2、3×3等绞花组织。绞花类针织面料常用粗针机编织，形成的绞花效果明显，装饰性强，常用于针织毛衫；圆机生产的绞花面料常用于休闲服装或家具装饰等，如图6-36所示。

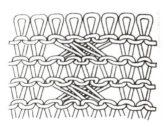

图6-36　绞花组织线圈结构图、绞花针织面料和服装

3. 阿兰花类针织面料

利用移圈的方式使两个相邻纵行上的线圈相互交换位置，在织物中形成凸出于织物表面的倾斜线圈纵行，组成菱形、网格等各种结构花型，被称为阿兰花面料。阿兰花面料通常和绞花搭配设计，常用的纱线原料有毛、棉、腈纶、涤纶及其混纺等。阿兰花面料常用于毛衫产品，如图6-37所示。

图6-37　阿兰花面料和服装

八、波纹类针织面料

波纹组织又称扳花组织，也是在双面针织机上所编织的一种典型的双面纬编组织。它是通过两个针床织针之间位置的相对移动，使线圈倾斜，在双面地组织上形成波纹状的外观效应。波纹组织可以在四平、三平、畦编或半畦编等常用组织基础上形成四平波纹、三平波纹、畦编波纹或半畦编波纹组织，也可以通过抽针形成抽条波纹或方格波纹组织等。图6-38所示的四平波纹面料为半转一扳，连续向一个方向移动五针，该面料正反面都呈现波纹效果。正面1隔1抽针四平波纹面料如图6-39所示，该面料正面具有明显的波纹效果，反面为密实直立线圈。波纹面料的性质与它的基础组织基本相近，但延伸性、长度、强度均有所减小，而厚度、宽度增大。波纹面料可用作毛衫、时装、休闲服装等，可根据季节选择不同粗细、不同成分的纱线编织。

图6-38　四平波纹面料　　　　　　　图6-39　正面1隔1抽针四平波纹面料

九、添纱类针织面料

添纱组织是指织物上的全部线圈或部分线圈由一根基本纱线和一根或几根附加纱线一起形成的一种花色组织，两组纱线所形成的线圈按照要求分别处于织物的正面和反面，可分为普通添纱和花色添纱针织面料两大类，可在任何单、双面针织物组织基础上形成。添纱组织的成圈过程与基本组织相同，但为了保证一个线圈覆盖在另一个线圈之上且具有所要求的相对位置关系，在编织添纱组织时，必须采用特殊的纱线喂入装置（添纱导纱器或双导纱器）以便同时喂入地纱和面纱，并保证面纱显露在织物正面，地纱处于织物反面。

（一）普通添纱针织面料

普通添纱组织是指在织物的每一个线圈上均由附加纱线和基本纱线两组纱线编织而成。普通添纱织物的特性基本与原组织相似，但因由两根或两根以上纱线形成，其织物强度提高。

1. 两面效应添纱针织面料

利用不同纤维纱线或不同外观、不同色彩的纱线分别编织地纱（呈现在织物反面）与添纱（呈现在织物正面），使织物呈现正、反面外观与性能不同的特点。另外还可以按用途不同设计两面效应织物，市场上比较常见的丝盖棉就是其中一种，面料正面为涤纶，反面为棉，正面光泽较好、耐磨性好；反面吸湿性好、手感柔软、亲肤性好，面料比较挺括，丝盖棉面料是运动服、休闲服的理想面料，如图6-40所示。

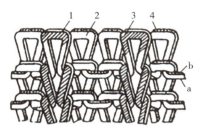

图6-40　两面添纱组织线圈结构图、丝盖棉面料和服装
1，3—正面线圈纵行　2，4—反面线圈纵行　a—地纱　b—面纱

2. 色彩花纹添纱针织面料

在正反针的基础上，添纱和地纱采用两种颜色纱喂入织针编织，正面线圈呈现添纱颜色，反面线圈呈现地纱颜色，织物表面具有两色花纹效果，如图6-41所示。

图6-41　色彩花纹添纱针织面料和服装

（二）花色添纱针织面料

花色添纱组织是按花纹设计要求，通过选针使某些线圈上有附加纱线，而另一些线圈上没有附加纱线、只有基本纱线的组织。若花色添纱组织中的地纱、添纱采用素色纱线但经过选针形成花色添纱时，因没有添纱处的织物较薄、添纱处织物较厚而被凸出在织物表面，形成了布面外观凹凸的花纹效应。若花色添纱组织中的地纱、添纱采用色纱，可使织物上呈现既有色彩图案又有外观凹凸的花纹效应。若花色添纱组织中的地纱采用较细纱线，添纱采用较粗纱线，在无添纱线圈的地纱线圈处，呈稀薄状，有通透感，而在有添纱线圈处则厚实并凸出于织物表面，呈现立体绣状；若添纱设计成规律的网状花纹或图案花纹，则可形成具有蜂巢效应的网眼织物以及类似烂花效应的烂花织物，如图6-42所示。

图6-42 花色添纱针织面料和服装

十、衬垫类针织面料

衬垫组织是在纬平针或添纱纬平针组织基础上将一根或几根衬垫纱按一定比例在织物的某些线圈上形成不封闭的悬弧，在剩余的线圈上呈浮线停留在织物反面的组织，可分为平针衬垫组织和添纱衬垫组织，典型织物如下。

1. 平针衬垫针织面料

平针衬垫组织以纬平针为地组织，衬垫纱按照一定规律编织成不封闭圈弧挂在地组织上。平针衬垫针织面料所用纱线较细，密度较稀疏，适合作为春夏季T恤、裙装等，如图6-43所示。

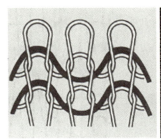

平针衬垫针织面料服装动态模拟

图6-43 平针衬垫组织线圈结构图、面料和服装

2. 添纱衬垫针织面料

添纱衬垫组织由面纱、地纱和衬垫纱编织而成。地纱与面纱形成添纱纬平针，衬垫纱按一定比例形成悬弧与浮线。与平针衬垫中衬垫纱处在沉降弧上易显露在正面纵行间不同，添纱衬垫组织中的衬垫纱处于地纱的沉降弧上、面纱的沉降弧下，而被夹在中间。这样，不仅增加了衬垫纱在布面上的固着牢度，而且因衬垫纱被面纱遮盖而不显露在织物正面，因此改善了织物外观。市场上添纱衬垫针织面料也叫三线卫衣面料或毛圈布，常用作男女童等的卫衣。添纱衬垫针织面料脱散性较小，有破洞后不易扩散，横向延伸性较小，织物的宽度、厚度和保暖性均增加。经拉绒后，织物形成的绒面手感更加柔和，能起到较好的保暖效果，如图6-44所示。

图6-44　添纱衬垫针织面料和服装

十一、毛圈类针织面料

毛圈组织是由平针线圈或罗纹线圈与带有拉长沉降弧的毛圈线圈组合而成的一种花色组织。毛圈组织一般由两根或三根纱线编织而成，一根纱线编织地组织线圈，另一根或两根纱线编织带有毛圈的线圈。毛圈织物的毛圈松软、厚实，能储藏空气，故具有良好的保暖性、吸湿性和延伸性。毛圈类针织面料可分为普通毛圈和花色毛圈针织面料两类。

（一）普通毛圈针织面料

普通毛圈组织是指每一个毛圈线圈的沉降弧都被拉长形成毛圈。毛圈线圈的拉长沉降弧竖立在织物的反面，地纱线圈显露在织物正面并将毛圈纱的线圈覆盖，这可以防止在穿着和使用过程中毛圈纱从正面被抽出，如图6-45所示。

图6-45　普通单面毛圈组织线圈结构图、面料和服装

（二）花色毛圈针织面料

花色毛圈组织是指通过毛圈形成花纹图案和结构效应的毛圈组织。它按照花纹要求，在部分线圈中形成毛圈，在间隔排列的毛圈间夹着呈一定配置的不拉长的沉降弧，在织物上形成了具有凹凸效应的花色外观，如图6-46所示。

图6-46 花色毛圈组织线圈结构图、面料和服装

1. 天鹅绒

针织天鹅绒有纬编、经编之分。传统天鹅绒为机织漳绒。纬编天鹅绒是将毛圈面料剪割开。天鹅绒面料绒毛丰满，绒面平整，弹性好，不易掉毛，不易起毛，坚牢耐磨，表面光泽性好，具有一定的复古气质，常用作时尚休闲男女装、童装等，如图6-47所示。

图6-47 天鹅绒面料和服装

2. 摇粒绒

摇粒绒是涤纶针织面料，也有部分采用涤棉混纺原料。通常采用毛圈组织在大圆机上编织而成，织成后坯布先经染色，再经拉毛、梳毛、剪毛、摇粒（注：摇粒是指长纤维反复摩擦，聚集成粒状）等加工处理，面料正面拉毛，摇粒蓬松密集而又不易掉毛、起球，反面拉毛稀疏、匀称，绒毛短少，组织纹理清晰，蓬松性和弹性特好。

根据风格可分为：单刷单摇、双刷单摇、双刷双摇等类型。摇粒绒面料手感柔软蓬松，轻盈，保暖性好，不宜掉毛，易护理，适宜制作内衣、睡衣、浴衣，以及卫衣、夹克等休闲外套，还可用作冲锋衣的内胆，如图6-48所示。

（a）单刷单摇摇粒绒　　　　　　（b）双刷单摇摇粒绒　　　　（c）摇拉绒卫衣

图6-48 摇粒绒面料和卫衣

3. 泰迪绒

泰迪绒外形和泰迪犬皮毛类似，毛短且卷曲，光泽性好，生产原料多为涤纶，通过后期拉松形成卷曲毛绒，一般克重较大，面料厚实，保暖性好，可用作秋冬季卫衣、外套等，如图6-49所示。

图6-49　泰迪绒面料和卫衣

十二、复合组织类纬编面料

1. 罗马布

罗马布是一种复合纬编针织面料，在双面大圆机上编织而成，也叫潘扬地罗马布，俗称打鸡布。罗马布在普通双面机上编织生产，四路一个循环，织针按普通双罗纹（棉毛）方式排列即可。第1路、第2路是编织双罗纹组织（棉毛组织）；第3路是针盘织针不参加工作，针筒织针全部参加编织；第4路是针筒织针不参加编织，针盘织针全部参加编织。罗马布面料呈现暗横条，较挺括，悬垂性好，耐脏耐洗，穿着舒适，适合用作针织外套和针织裤类产品，如图6-50所示。

图6-50　罗马布面料和服装

2. 凸条面料

当一个针床握持线圈时，另一个针床连续编织，可以在织物表面形成凸条纹理，布面风格似一级一级的楼梯，俗称楼梯布。凸条面料厚实，肌理感强，采用棉质纱线编织而成的凸条面料尺寸稳定性好，适合制作卫衣、卫裤等各类休闲装，采用锦纶、氨纶编织而成的凸条面料弹性好，适合制作健身服，如图6-51所示。

图6-51　凸条面料和服装

3. 华夫格面料

在罗纹的基础上增加凸条和浮线单元可形成类似华夫饼效果的面料。华夫格面料层次分明、肌理感强，可用于圆领卫衣、连帽卫衣、卫裤、短裤、套装等，如图6-52所示。

图6-52　华夫格面料和服装

4. 太空棉面料

采用纬编圆机在纬平针、衬纬、罗纹组织的基础上复合而成的一种针织面料。太空棉面料具有三层结构，中间衬入高弹丝形成空气夹层，面料整体具有立体感。普通太空棉面料表面光洁，绗缝太空棉表面具有绗缝效果，图案变化丰富，肌理感强。太空棉面料轻薄，保暖性好，亲肤性好；不易变形，适合制作春秋季卫衣、裤子、套装等，如图6-53所示。

图6-53　太空棉面料和服装

第六章　针织面料识别与应用

163

第二节 经编针织面料

经编针织面料是指横向线圈系列由平行排列的经纱组同时弯曲相互串套而成，而且每根经纱沿纵向逐次形成一个或多个线圈，也有单面、双面之分。

一、经编基本组织与变化组织面料

经编针织面料的基本组织有编链组织、经平组织、经绒组织、经斜组织、经缎组织等。

1. 编链组织

在编织时，每根纱线始终在同一枚针上垫纱成圈形成经编组织，根据垫纱方式不同可分闭口编链和开口编链组织两种。编链组织形成的线圈在纵向互不联结，因此不能单独形成织物；横向不卷边，纵向延伸性较小。常用来生产纵条纹和作为衬纬组织的联结组织。编链组织线圈结构图和面料如图6-54所示。

图6-54 编链组织线圈结构图和面料

2. 经平组织

每根纱线在两枚针上轮流垫纱成圈形成的经编组织。如1×1经平，每根经纱轮流在相邻两枚针上垫纱成圈，可为开口线圈或闭口线圈，如图6-55所示。经平组织针织物正面、反面都呈菱形网眼，纵、横向都具有一定的延伸性，而且卷边性不明显。最大的缺点是当有纱线断裂并织物受到横向拉伸时，线圈从断纱处开始沿纵行逆编织方向逐一脱散，而使织物分成两片。

图6-55 经平组织线圈结构图和面料

3. 经绒组织

经绒组织为三针经平组织，每根经纱隔一针轮流垫纱成圈，如图6-56所示。经绒组织由于延展线较长，其横向延伸性

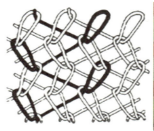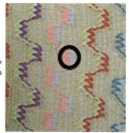

图6-56 经绒组织线圈结构图和面料

比经平组织小。

4. 经斜组织

经斜组织为导纱针顺序地在3枚或3枚以上的针上垫纱成圈形成的经编组织。编织时梳栉先沿一个方向在连续两个以上横列上垫纱成圈，再反向做相同的垫纱运动。由于连续的垫纱方向不同，可产生隐形的横条外观；用色纱按一定规律穿纱可形成锯齿型外观效应，有较强的反光效果。经斜组织线圈结构图和面料如图6-57所示。

图6-57　经斜组织线圈结构图和面料

5. 经缎组织

经缎组织是连续在相邻针上垫纱编织而成，如图6-58所示。经缎组织针织物的延伸性较好，其卷边性与纬平针组织织物相似。经缎组织常与其他经编组织复合，以得到一定的花纹效果，如锯齿花纹、菱形花纹等。

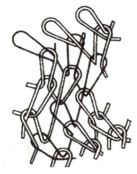

图6-58　经缎组织线圈结构图和三针经缎面料

二、常见经编花色组织面料

1. 双经平组织面料

常以锦纶、氨纶等原料编织成双经平组织，面料光滑、手感舒适、弹力大、质轻、导湿、快干，适用于泳装、瑜伽服等，如图6-59所示。

图6-59　双经平组织面料和服装

2. 经编网眼面料

经编网眼面料是以合成纤维、再生纤维、天然纤维为原料，采用经编基本组织、变化组织等编织而成，在面料表面可形成方形、圆形、菱形、六角形、柱条形、波纹形的网眼，网眼大小、分布密度、分布状态可根据需要而定。经编网眼面料的质地轻薄，弹性和透气性好，手感滑爽柔挺。经编网眼面料可广泛用于春夏季各类男女时装、休闲运动服装或童装等，如图6-60所示，各种经编网眼面料的服装如图6-61所示。

图6-60　经编网眼组织线圈结构图和面料

图6-61　各种经编网眼面料的服装

3. 贾卡提花经编面料

经编蕾丝面料的表面形成厚、薄、稀孔等状态的花纹图案，也叫蕾丝面料。常以化纤长丝或天然纤维为原料，通过成圈、衬纬、压纱等组织组合而成。贾卡提花经编面料轻盈、透气，花纹清晰，图案变化丰富，花型层次分明，风格优雅，有立体感，布面挺括，尺寸稳定，悬垂性好，广泛用于各类春夏季女式内衣、外衣及童装等，如图6-62所示，经编蕾丝服装如图6-63所示。

图6-62　贾卡提花经编面料

图6-63 经编蕾丝服装

4. 经编绉布

经编绉布通常以涤纶及氨纶为编织原料，通过氨纶回缩形成褶皱，面料外观肌理感强，手感柔软，弹力大，面料轻薄，适合做夏季T恤或裙装，经编绉布如图6-64所示，经编绉布服装如图6-65所示。

图6-64 经编绉布　　　　　　　　　　图6-65 经编绉布服装

5. 经编移针面料

通过变化经缎形成各种折线移针效果，运用的基础组织不同，形成的移针效果也不同，移针量一般控制在29针以内，如图6-66所示。两把梳栉对称走相同工艺，移针形成对称图案，如图6-67所示。采用多种组织叠加，可以形成双层立体效果，如图6-68所示。经编移针面料服装如图6-69所示。

图6-66 折线效果移针面料

图6-67 对称图案移针面料

图6-68　立体效果移针面料

图6-69　经编移针面料和服装

6. 经编立体纵条面料

两个针床分别编织不同结构，一个针床满针编织，另一个针床隔针编织可形成表面立体纵条效果的经编面料，面料花纹造型丰富、有立体感，广泛用于各类女装及童装，如图6-70所示。

图6-70　经编立体纵条面料和服装

7. 经编毛圈面料

经编面料的一面或者两面具有拉长的毛圈线圈的结构称为经编毛圈面料。经编毛圈面料手感柔软、丰满，坚牢厚实，吸湿性好，保暖性好，毛圈结构稳定，可广泛用于运动服、休闲服装、睡衣睡裤、各类童装等，如图6-71所示。

图6-71　经编毛圈面料和服装

8. 经编丝绒面料

经编毛圈面料下机后剪掉毛圈顶部或者底部与毛绒纱形成的双层织物割绒后可形成经编丝绒面料，布面绒毛均匀，绒头高而浓密，手感厚实丰满、柔软，富有弹性，保暖性好，主要用于秋冬季服装、童装等，如图6-72所示。

图6-72　经编丝绒面料和服装

9. 经编起绒面料

经编起绒面料常以涤纶或黏胶纤维等化纤作为原料，采用编链组织与变化经绒组织相间编织。面料经拉毛工艺加工后，外观似呢绒，绒面丰满，布身紧密厚实，手感挺括柔软，织物悬垂性好、易洗、快干、免烫。经编起绒面料有经编麂皮绒、经编金光绒等许多品种，主要用于秋冬季外套或裤装等，如图6-73所示。

图6-73　经编起绒组织线圈结构图、面料和服装

需要特别指出的是：麂皮绒也有以纬编为基础组织生产加工的，也称纬麂皮绒，可以通过分析底布的线圈编织方式加以区分。

10. 珊瑚绒

珊瑚绒表面的绒呈珊瑚状，用涤纶DTY在经编机织制。双面珊瑚绒比单面珊瑚绒多了一道拉毛工序。一般加工流程：

白坯布→退卷→缝头→预定型→包边→染色→上柔软剂→脱水→拉边→烘干→拉毛→梳毛→剪毛→摇粒→定型→成品打卷

珊瑚绒面料质地细腻，手感柔软，延展性好，不易掉毛，不易起球，对皮肤无刺激，保暖性好，光泽性好，适合用作秋冬季保暖外套、家居服等，如图6-74所示。

珊瑚绒有软底板和硬底板之分。软底板一般采用100旦/48F半消光涤纶丝作底丝；硬底板采用100旦/96F低弹丝作底丝，两种底丝生产的坯布弹力不同。摇粒珊瑚绒呈双层组织结构，经剖幅成为单面珊瑚绒毛坯。

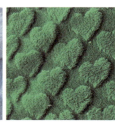

图6-74　珊瑚绒面料和服装

11. 羊羔绒

羊羔绒实际是成分为70%涤纶、30%腈纶的仿羊绒面料，通常采用经编机织造。经滚球工序使面料中涤纶和腈纶在滚筒中形成球状缠结。滚球工序的作用是利用纤维湿热收缩的性能，经过给湿、烘干的循环进行，使卷曲纤维和收缩纤维能够相互包容，形成稳定的球状或束状形态。三维卷曲中空涤纶是决定成品绒面起球的关键，三维卷曲纤维含量越多，绒面起球越大；含量越少，绒面起球越小，直至不成球而成束。另外，剪毛的长短影响着起球的大小，同样的原料配比，毛高越长，成球越大；毛高越短，成球越小，直至不成球而成束。羊羔绒面料具有较好的保暖性，易于打理，经久耐穿，广泛用于服装、家纺、玩具等，如图6-75所示。

图6-75　羊羔绒面料和服装

第七章

中国传统服饰面料识别与应用

绽丝画廊

织锦服装三维
动态展示

第一节 缂丝

2006年5月，苏州缂丝织造技艺入选我国首批国家级非物质文化遗产名录。缂丝采用"通经断纬、以梭代笔、白经彩纬"织造方式，自古有"织中之圣""一寸缂丝一寸金"之誉。

一、缂丝的流派

1. 本缂丝

南通地区的缂丝属本缂丝流派。采用生丝织造，织物较硬挺，适用摹刻名人书画。当代本缂丝代表性传承人为王玉祥、王晓星、王晓丽等。

2. 明缂丝

苏州地区的缂丝属明缂丝流派。元朝末年，缂丝发生了变革，并于明朝时期真正形成，且形成其独特风格特点，故称明缂丝。采用熟丝织造，织物较柔软，适用于服装。当代明缂丝代表性传承人为沈金水、王金山等。

3. 本缂丝和明缂丝的区别

本缂丝与明缂丝共有的主导技法是通经断纬，除了直观的视觉上的差异，在织造技艺方面也有很大的区别。

（1）用丝不同。本缂丝采用生丝，经线是明缂丝的3倍粗，纬线是明缂丝的2倍粗。本缂丝丝线捻度较大，织造时上机张力较大，面料硬挺。明缂丝采用熟丝，捻度较小，织造时上机张力较小，面料较柔软。

（2）织物风格和用途不同。本缂丝面料平整挺括，质地厚实，如果仔细观察，织物表面会有朴实的沟纹，粗犷豪迈，但蕴含了细腻精致、与众不同的工艺特色，常用于摹刻名人书画；明缂丝质地柔软、轻盈，常用于高档服饰面料和家居用品，更是历代皇室制作龙袍的御用材料，如图7-1所示。

（a）本缂丝

（b）明缂丝

图7-1　本缂丝与明缂丝风格对比

二、缂丝的品种

（1）本缂丝。代表缂丝原本技法，厚重挺括。

（2）明缂丝。代表明清缂丝技艺，轻薄细腻。

（3）绍缂丝。带有横向缝隙，透光［图7-2（a）］。

（4）丝绒缂丝。近似丝绒质感，羽绒立体［图7-2（b）］。

（5）引箔缂丝。穿引特殊箔料作纬，带有特殊装饰感［图7-2（c）］。

（6）雕镂缂丝。有窗棂状镂空效果，透空感强［图7-2（d）］。

（7）紫峰缂丝。生经生纬织造，薄如蝉翼［图7-2（e）］。

（a）绍缂丝   （b）丝绒缂丝

（c）引箔缂丝   （d）雕镂缂丝   （e）紫峰缂丝

图7-2　不同品种的缂丝

三、缂丝工艺和艺术特色

缂丝采用平纹织造，以梭代笔、通经断纬、白经彩纬、逐段异纬、反面织造、画经衬稿、正反一致、无限换纬（色），缂丝操作如图7-3所示。

图7-3　缂丝操作

四、缂丝面料和应用

缂丝面料如图7-4所示，缂丝在高端定制服装上的局部应用如图7-5所示。

图7-4　缂丝面料

图7-5　缂丝在高端定制服装上的局部应用

第二节　三大名锦

云锦　云锦的服装应用

一、云锦

　　云锦产自南京，南京云锦木机妆花手工织造技艺2006年被列入首批国家级非物质文化遗产名录。云锦是一种先练丝、染色的丝织提花锦缎，有"寸锦寸金"之称，其用料考究，织造精细，图案精美，锦纹绚丽，格调高雅，因其色泽光丽灿烂，美如天上云霞而得名。云锦在继承历代织锦的优秀传统基础上发展而来，又融汇了其他各种丝织工艺的宝贵经验，是中国丝绸文化的璀璨结晶，2009年入选人类非物质文化遗产代表作名录。

（一）云锦的工艺特色

　　云锦图案艺术及配色规律，集中了我国传统图案的精华。云锦属提花熟织纬锦。各种规格的染色丝线为经纬原料，配以真金圆金（捻金线）或扁金（片金）做纬向材料，个别高档品种采用孔雀羽毛捻线来做挖花显色的纬线。

　　云锦在传统木质大花楼提花织机上，由双人配合，手工织造，其提花工艺是由束综起经线形成花部开口，障框压出花部间丝点，由范框起地部组织的组合式开口系统来完成，如图7-6所示。现代云锦采用电子开口大提花剑杆织机织造，如图7-7所示。目前云锦的库缎、库锦和库金，因其"通经通纬"的织造方式，可以用现代提花织机生产，但高档"妆花"品种仍然必须采用手工织造。

图7-6　传统木质大花楼提花织机

图7-7　现代电子开口大提花剑杆织机

第七章　中国传统服饰面料识别与应用

（二）云锦的分类

云锦分为库缎、库锦、库金和妆花四类，其中库金可以认为是库缎的一个分支。

1. 库缎

库缎是在缎地上起本色花（图7-8），库缎的花纹设计，用团花居多，花纹有明花和暗花两种：明花浮于表面，暗花平板不起花。

图7-8　库缎

2. 库锦

库锦原料都是用精练过的熟丝染色后织造，是提花的多彩纬织物（图7-9）。固定用四、五个颜色装饰全部花纹，织造时纬线采用通梭织彩技法，显花部位的彩纬呈现在织物的正面，不显花部位的彩纬织进织物的背面，这点和现代的大提花织机织造原理类似。也可在缎地上以金线或银线织出各式花纹丝织品。库锦中尚有二色金库锦和彩花库锦两种，多织小花，前者是金银线并用，后者除用金银线外还夹以2~3种色彩绒并织。

图7-9　库锦

3. 库金

库金又名织金，其织物上的花纹全部用纬向金线织出（图7-10）。传统的织金图案，多采用小花纹，以充分显金为其特色。

4. 妆花

妆花是在缎地上织出五彩缤纷的彩色花纹，色彩丰富，可以逐花异色获得多样而统一的美好效果。妆花配色多样，由于运用了挖花盘织的妆彩技法，即挖花妆彩，织造时配色自由，现代织机还不能代替，原料采用精练过的熟丝染色后织造。

图7-10　库金

（1）妆花缎。妆花缎是在缎地上织出五彩缤纷的彩色花纹（图7-11）。以四则花纹单位的妆花缎匹料为例：在同一段上横向并列有四个连续花纹单位，每个花纹单位的纹样完全一样。妆花缎的地组织，明代时多为五枚缎纹组织，在明代晚期的织品中出现八枚缎纹组织；清代时主要是八枚缎纹组织。

妆花缎匹料的花纹单位有八则、四则、三则、二则、一则（一则花纹单位的，作坊术语叫作"独花"，或者

图7-11　妆花缎

"彻幅纹样"）几种。

（2）金宝地。分为满花金宝地和独花金宝地。

①满花金宝地。大量用金是金宝地妆花织物的一大特点，纹样都以金线勾边，俗称"金包边""金绞边"。金线使妆花织物显得更加华丽高贵，同时又起着统一色调的作用，成为妆花织物的重要特征。金宝地是用圆金线织满地，在满金地上织出五彩缤纷、金彩交辉的图案花纹（图7-12）。

②独花金宝地。金宝地除用满金作地外，图案花纹的织金、妆彩方法与妆花缎完全一样，以七枚经缎或七枚加强缎纹为地组织，用多彩绒纬挖花，花用扁金包边，但一花纹的装饰手法比妆花缎更加丰富多彩。织物的主体花纹和妆花缎一样，用多层次的色彩表现，如运用色晕的方法表现。

（3）妆花绸。地组织为斜纹，妆花部微凸于织物表面，有浮雕感（图7-13）。

图7-12　金宝地　　　　　　图7-13　妆花绸

（4）妆花罗。地组织多为一绞一的二经绞罗。绞罗织物经纬线交织牢固，不容易产生位移，花清地白，层次感丰富（图7-14）。

（5）妆花绢。妆花绢为平纹地组织上起妆花（图7-15），经纬材料比较细，排列也不能太紧，所以织物较薄，重量轻。

云锦在时装上的应用如图7-16所示。

图7-14　妆花罗　　　　　　图7-15　妆花绢

图7-16　云锦在时装上的应用

蜀锦

蜀锦的服装应用

蜀锦画廊

二、蜀锦

蜀锦被誉为"百锦之母",产自四川成都,起源于春秋战国时期出产的染色的熟丝线织成锦类丝织品。蜀锦在汉唐时期主要使用多综多蹑织机(多臂织机),唐宋以后使用花楼织机(大提花织机),现代蜀锦用木质花楼织机由两人同时操作,一上一下,上者提线拉(拽)花,下者投梭、打纬。

(一)蜀锦的艺术特色

蜀锦运用彩条起彩或彩条添花,先彩条后锦群,方形、条形、几何骨架添花,对称纹样,四方连续,色调鲜艳,对比性强,用几何图案组织和纹饰相结合方法织成,是具有汉族特色和地方风格的多彩织锦。

蜀锦多以彩色经线起彩,彩条添花,经线起花的锦称为经锦,此外还有纬线起花的纬锦,以及经纬起花的蜀锦。

(二)蜀锦的品种

1. 月华锦

织物组织为纬二重,八枚缎纹地上纬起花,属蜀锦彩条晕间锦系列,继承了古代织锦同色叠晕染色工艺。在牵经(整经)时,采用色经进行色相或明度渐变排列,形成晕色效果,如月白色向明黄色和湖蓝色渐变过渡等,若明若暗,时隐时现,在光晕之中,点缀游鸾翔凤和奇花异卉等,有朦胧美、韵律美和诗意美,如图7-17所示。

2. 雨丝锦

织物组织为纬二重组织,八枚缎纹地上纬起花,属于蜀锦彩条晕间锦系列,锦面用白色和其他色彩的经丝组成,以一白一色经丝为"雨"。色经排列由粗渐细,白经由细渐粗,"雨"内色经由多逐渐减少,白经由少渐多,按一定比例逐步过渡,形成色白相间,呈现明亮对比的丝丝雨条状。雨条上再饰以各种花纹图案,粗细匀称,既调和了对比强烈的色彩,又突出了彩条间的花纹,具有烘云托月的艺术效果,给人一种轻快而舒适的韵律感。雨丝锦与月华锦不同的地方在于,它是用白色经条的宽窄来实现深浅过渡的视觉效果,如图7-18所示。

图7-17 月华锦

图7-18 雨丝锦

3. 通海缎

通海缎也称满花锦、或杂花锦、散花锦，采用五枚或者八枚缎纹作地，纬线起花，锦面上的图案为多种单色或复色纹饰，特点是花纹布满锦地，常见的图案有如意牡丹、瑞草云鹤、百鸟朝凤、五谷丰登、龙爪菊、云雁等，富含浓厚的地方色彩和民族风格，如图7-19所示。

4. 民族缎

一般采用多色彩条嵌入金银丝织成，多用于民族服饰，故名民族缎。经纬线用纯桑蚕丝交织，有单色织造和加金线织造两种，其特点是锦面上的图案从经纬线交织中显现出自然光彩，富有光泽，常见的图案有团花、葵花、"万"字、"寿"字、龙纹等，如图7-20所示。

5. 浣花锦

浣花锦的特点是地组织采用平纹或缎纹，以曲水纹、浪花纹与落花组合图案，纹样图案简练古朴，典雅大方。浣花锦又称花锦，是对落花流水锦的继承和发展。浣花锦分绸地、缎地两种，纹样极为丰富，如大小方胜、梅花点、水波纹等，风格古朴典雅，如图7-21所示。

6. 方方锦

方方锦的特点是八枚缎地纬起花，再单一地色上，以彩色经纬线配以等距不同色彩的方格，方格内饰以不同色彩的圆形或椭圆形的古朴典雅的花纹图案，如梅兰竹菊、多子石榴、梅鹤争春、八宝八吉、莲子莲花、梅鹊争春、凤穿牡丹、望江楼、百花潭等。方格纹样规矩，方格内纹样灵活多变，整体图案呈现出一种严谨与灵动结合的艺术之美，给人一种新颖之感。方格兽纹经锦、联珠棋格方方锦、八宝吉祥方方锦、菱格五毒方方锦等都是典型代表，如图7-22所示。

7. 铺地锦

铺地锦又称锦上添花锦，其特点是在缎纹组织上用几何纹样或细小的花纹铺满地子，再在花纹上嵌织大朵花卉（有的加嵌金线），如宝相花、牡丹花等。主花在地纹的烘托下显得色彩更加丰富、层次分明，有的铺地锦加金线织造，极为富丽堂皇，如图7-23所示。

蜀锦在服装上的应用如图7-24所示。

图7-19 通海缎

图7-20 民族缎

图7-21 浣花锦

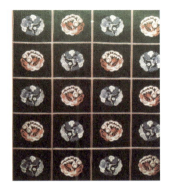

图7-22 方方锦

图7-23　铺地锦

图7-24　蜀锦服装

宋锦的服装应用　宋锦画廊

三、宋锦

宋锦产自苏州地区，最大的特色是经线和纬线可以同时显花。宋锦色泽华丽，图案精致，古朴端庄，质地坚柔。

（一）宋锦的艺术和工艺特色

宋锦制作工艺多采用三枚斜纹组织，两经三纬，经线用底经和面经，经三枚斜纹作地、纬三枚斜纹显花，底经为有色熟丝，作地纹组织。在纹样组织上，精密细致，质地坚柔，平服挺括；在图案花纹上，对称严谨而有变化，丰富而又流畅生动；在色彩运用上，艳而不火，繁而不乱，明丽古雅。

宋锦是彩纬显色，织造中采用分段调换色纬的方法，使宋锦绸面色彩丰富，纹样色彩的循环增大，有别于云锦和蜀锦。

（二）宋锦种类

1. 重锦

重锦质地厚重精致，花色层次丰富，在纬线上大量使用捻金线或片金线，并采用多股丝线合股的长抛梭、短抛梭和局部特抛梭的织造工艺技术。图案更为丰富，常用图案有植物花卉纹、龟背纹、盘绦纹、八宝纹等，产品主要是宫廷、殿堂里的各类陈设品及巨幅挂轴等，如图7-25所示。

图7-25　重锦

2. 细锦

细锦风格、织物组织和工艺与重锦相似，在原料选用、纬线重数等方面比重锦简单一些，长抛梭重数较少，常以短抛梭构成主体花，如图7-26所示。

3. 匣锦

匣锦分为经线显花、纬线显花和经纬同时显花，如图7-27所示。

宋锦旗袍和时装如图7-28所示。

（a）福寿全宝纹细锦   （b）环藤莲花纹细锦   （c）金钱如意纹细锦

图7-26　细锦

图7-27　匣锦

图7-28　宋锦旗袍和时装

第三节　少数民族织锦

一、壮锦

壮锦是一种白经彩纬，纬线显花的提花织物，利用棉线或丝线编织而成，图案生动，结构严谨，色彩斑斓，充满热烈、开朗的民族格调。

壮锦　　　壮锦画廊

（一）工艺特色

壮锦所用原料主要是蚕丝和棉纱，靠竹笼机手工生产，如图7-29所示。壮锦主要利用当地植物和有色土染色，红色用土朱、胭脂花、苏木，黄色用黄泥、姜黄，蓝色用蓝靛，绿色用树皮、绿草，灰色用黑土、草灰，用土料搭配可染出多种颜色。

（二）纹样

壮锦将大自然中的形象进行抽象和概括，如将花鸟鱼虫这些具象经过加工提炼、夸张变形，造型以写意为主，强调神似重于形似，反映壮族风俗文化中深层次审美意象。纹样有方胜纹、万字纹、象形纹、菱形纹、回纹、水纹、云纹等三十多种，以及花草和动物纹样，如蝶恋花、双龙戏珠、鲤鱼跳龙门等，吉祥、美好的寓意，表达了对生活的热爱，如图7-30所示。

（a）万字纹　　　　　　　　　（b）象形纹　　　　　　　　　（c）菱形纹

图7-29　竹笼机　　　　　　　　　　　　　　　　图7-30　壮锦纹样

壮锦采用竹笼机织制，受到经线和纬线的限制，会形成别致的几何折线造型特色，具有现代格律美，壮锦服装如图7-31所示。

图7-31　壮锦服装和服饰

二、侗锦

侗锦画廊

湖南通道县侗族的传统侗锦，编织技艺精湛，富含深厚的文化底蕴。艳丽的色彩、和谐的设色，浑然天成，纹样奇异变幻，有极高的艺术性。

传统的侗锦有两种：素锦（图7-32）和彩锦（图7-33）。素锦由两色棉线织成；彩锦由黑白经线和彩色纬线交织而成。

侗锦纹样分为植物纹、动物纹和抽象符号几何纹三大类，又以菱形纹居多。素锦图案连续而有规律，纹样也比较粗犷、朴素大方；彩锦图案细腻、色彩柔和，结构密满严谨。常见侗锦纹样有太阳纹、月亮纹、龙纹、凤纹、鸟纹、蛇纹、鱼纹、蜘蛛纹、马纹、竹根花纹、榕树花纹、葫芦纹、井纹等。这种程式化的传统花纹使侗锦保持鲜明的民族风格和特色，显得古老而神秘，侗锦纹样如图7-34所示，侗锦服装如图7-35所示。

图7-32　素锦　　　　　图7-33　彩锦

（a）鱼纹　　　（b）蜘蛛纹　　　（c）葫芦纹　　　（d）龙凤纹锦

图7-34　侗锦纹样

图7-35　侗锦服装

三、土家锦

土家锦是湖南武陵山区土家族人的土家语"西兰卡普"，土家族具有喜斑斓服色习俗。土家锦纹样分七大类：动物类有双凤花纹、蛇花纹、珍兽纹等；植物类有麻叶花纹、九朵梅纹等；生活用品类有船船花纹、椅子花纹、神龛花纹等；天象地属类有满天星纹、太阳花等；勾纹类有八勾纹、二十四勾纹、四十八勾纹；文字类有"喜"字花纹、"万"字流水纹、"福禄寿喜"纹等；综合类有凤穿牡丹纹、老鼠嫁女纹、台台花纹等。部分经典纹样如图7-36所示。

土家锦画廊

（a）四十八勾纹样和服饰　　　　　　　　　　　（b）实毕纹

图7-36　经典土家锦纹样

四、黎锦

黎锦　　　黎锦画廊

黎锦是海南省黎族的织锦，集纺、织、染、绣于一体，以棉线织制，也有少量利用麻和其他纤维织制。黎锦精美轻软、结实耐用，素有"黎锦光辉若云"之赞誉，具有浓郁的大自然特色。不同黎族方言区的织锦各有特色。

（一）工艺特色

黎锦制作精巧，色彩鲜艳，富有夸张和浪漫色彩，图案花纹精美，配色调和，鸟兽、花草、人物栩栩如生，在纺、织、染、绣方面均有本民族特色。黎锦以织绣、织染、织花为主，刺绣较少。

经线多采用扎染（即缬染法），先在扎线架上绕编好经线，然后用纱线在经线上扎结，染色后拆去纱线，即出现蓝底白花的图案，再织进彩色纬线，即呈现出独特的图纹色彩。

（二）纹样

黎锦的图案有抽象的马、鹿、斑鸠、蛇、青蛙、孔雀、鸡以及竹、稻、花卉、水、云彩、星辰等100多种，大多由简单的直线、平行线和方形、三角形、菱形等几何图形构成。在色彩上，善于运用明暗间色，青、红、黑、白等颜色互相配合，形成色彩对比强烈的艺术效果。

植物纹是黎锦的常用纹饰，常与人形纹、鸟纹相配合。由于黎族人生活在热带丛林之中，所以黎族妇女十分喜欢将花草树木和藤类植物设计成图案织在黎锦上，植物纹沿横向或纵向连续排列构图，象征着繁衍生息。几何纹在黎锦中是表现最为突出的纹样，它以日常生活中的物品为主要元素，通过直线、平行线、方形、菱形、三角形等的组合构成各种纹样，表现手法大多抽象、夸张。部分经典纹样如图7-37所示，黎锦服装如图7-38所示。

| (a) 蛙纹 | (b) 鹰纹 | (c) 蝴蝶纹 | (d) 骑鹿纹 |

| (e) 经起花纹 | (f) 树纹 | (g) 几何纹 | (h) 双喜纹 |

图7-37　黎锦纹样

图7-38　黎锦服装

五、瑶锦

　　瑶锦主要流行于湖南和广西等地，主要用于被面、服饰、背带、头饰等。瑶锦织法有别于其他民族的织锦，大部分是经起花工艺，即经线为不同的单元颜色，纬线为单一底色，不断纬，花纹由经线显出，花纹韵律性很强。

　　瑶锦纹样主要有"万"字纹、几何纹、文字纹、正方形纹、菱形纹、三角形纹、圆形纹、水波纹、"工"字纹、"之"字纹及蝶恋花纹、龙戏珠纹、稻穗纹、人物纹、花草纹、树木纹、飞禽纹、走兽纹等。有些图案代表着民族的图腾崇拜，自然万物经过巧妙构思，通过纹样造型，装饰在深色服饰上，将实用性与艺术性结合在一起，无不彰显瑶族人民的心灵手巧。瑶锦纹样有素锦和彩锦之分，以经线显花为主，纬线挑花为辅，瑶锦纹样和服装如图7-39所示。

瑶锦

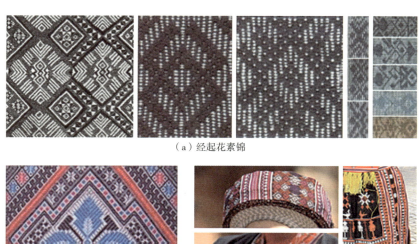

（a）经起花素锦

（b）彩锦

（c）瑶锦服装

图7-39　瑶锦纹样和服装

六、苗锦

（一）工艺特色

苗锦画廊

苗锦基本组织为人字斜纹、菱形斜纹或复合斜纹，多用小型几何纹样。以纬丝起花，采用多把小梭子织造。开口用多片综（或提经竿），可以兼用"通经断纬"挖梭织法，如图7-40所示。

图7-40　苗锦织机与挑花

（二）纹样和色彩

苗锦的纹样布局多以寓意吉祥的花草、动物排列在几何形、菱形的框架内，装饰风格较为粗犷。动物纹样是苗锦图案的主要内容，如龙纹、牛纹、蝴蝶纹等。几何纹有正方形或菱形图案，菱形纹样繁复勾连，变化中有统一，配色对比强烈，装饰感强，与整体构成骨架的直线风格统一，很有力度感。苗锦纹样或在素底上织彩，或在彩底上织素，图案色彩浓艳而富丽，对比强烈而调和。苗锦纹样如图7-41所示，苗锦服装如图7-42所示。

图7-41　苗锦纹样　　　　　　　　　　图7-42　苗锦服装

七、艾德莱丝绸

艾德莱丝绸是维吾尔族人生产的丝绸，以纹样粗犷奔放、色彩绚丽鲜艳、图案细腻严谨著称，主要用桑蚕丝织造，主要产于和田市、喀什市、莎车县等地。

艾德莱丝绸

（一）工艺特色

"艾德莱"意为"扎染"，采用我国古老的扎经染色工艺，按图案的要求，在经纱上扎结，进行分层染色、整经、织绸。

染色过程中图案因受染液的渗润，有自然形成的色晕，参差错落，疏散而不杂乱，既增加了图案的层次感和色彩的过渡面，又形成了艾德莱丝绸纹样富有变化的特点。艾德莱丝绸质地柔软，轻盈飘逸，尤其适用于夏装。

（二）纹样和色彩

艾德莱丝绸图案呈长条形，有的呈二方连，排列错落有致；有的呈三方连，交错排列。艾德莱丝绸有两大产区：一是喀什市、莎车县的丝绸，色彩绚丽，以鲜艳著称，常用翠绿、宝蓝、黄、桃红、金黄等色，色彩对比强烈，图案细腻严谨，如图7-43所示。二是和田市、洛浦县的丝绸，讲究黑白效果，虚实变化，纹样粗犷奔放，用白底黑花或黑底白花或红白、蓝白兼配以小块金黄、宝蓝做点缀，使色彩简洁而富于变化，如图7-44所示，艾德莱丝绸服装如图7-45所示。

图7-43　喀什市、莎车县艾德莱丝绸　　图7-44　和田市、洛浦县艾德莱丝绸　　图7-45　艾德莱丝绸服装

八、布依锦

布依锦是贵州布依族的民间织锦，以贵州省安顺市镇宁织锦最负盛名。

（一）工艺特色

在古老的织布机上用染好的青线、蓝线作经，用五颜六色的花线作纬，用竹片拨数纱线，穿梭精挑细插编织而成，即蓝经彩纬方式织造。锦面类似丝绣，光滑平整，花纹精致。

（二）纹样和色彩

布依锦多为菱形纹、三角形纹、四方形纹、勾纹、回纹、"井"字纹、"田"字纹等几何图案进行有规律的组合排列、穿插构成人物或动物。布依锦几何纹样新颖别致、趣味盎然，彩色花线交相辉映，花纹精致紧密，表面光滑平整，图案瑰丽美观。布依锦几何纹样如图7-46所示，布依锦服装如图7-47所示。

布依锦画廊

图7-46　布依锦几何纹样　　　　图7-47　布依锦服装

九、景颇锦

景颇锦

景颇锦画廊

景颇锦是指云南省德宏景颇族织锦，采用纯手工原始腰机织造，织锦内涵丰富，种类繁多，形式内容及色彩别具一格，花纹图案独树一帜。景颇锦集实用、装饰、艺术于一体，是景颇族文化发展的见证，反映风俗习性的一面镜子。

景颇锦图案用红、黑、白等色彩勾勒，景颇锦纹样一般是由点、线、面组成。点可以是各种形状的点；线可以是粗、细、直、曲、折、弧等多种多样的线，曲折线居多，弯弧线极少，各种线同时使用，加上间隔的变化，色彩的对比，线的形状多姿多态；面的变化也是形态各异的，一般有方形、三角形、折形、多角形、菱形、扇形等。几何纹样编排十分巧妙，比例尺寸协调，讲究对应关系连接成体。景颇锦纹样和服装如图7-48所示。

图7-48　景颇锦纹样和服装

十、傣锦

傣锦当地称"娑罗布"。傣锦既含蓄又明朗，构思巧妙，手法独特。傣锦有棉织锦和丝织锦两种。棉织锦基本用通纬起花，丝织锦则既有通纬起花又有断纬起花。棉织锦以本色棉纱为地，织以红色或黑色纬线。云南德宏地区傣锦常用红、黑、翠、绿结合。织造时首先将花纹组织用一根根细绳系在纹板（即花本，图7-49）上，用手提脚蹬的动作使经线形成上下两层后开始投纬，如此反复循环，便可织成十分漂亮的傣锦。设计一幅傣锦，需几百乃至上千根细绳在纹板上表现出来。傣锦纹样有狮、象、孔雀、树木、人物等。具有强烈的民族风格。傣锦纹样如图7-50所示。

图7-49　傣锦纹板

图7-50　傣锦纹样

傣锦

十一、佤族织锦

佤族织锦采用腰机织造，原料有棉、麻、丝、毛，但主要选用草棉、苎麻和野生火麻。

佤族织锦

佤族织锦以黑、红为基本色，穿插黑色或彩色棉线形成条纹或方格，黄、绿、白、蓝相间，粉、棕为辅助色，颜色呈深浅变化；花纹以直线平行线、方形、三角形、菱形等组成连续的几何花纹，线条流畅，视觉突出，像一道炫目的彩虹。花纹中的绿、红、黄、蓝、紫等颜色与动植物密切相关。佤族织锦款式别致，结构协调，反映出佤族人民丰富多彩的精神世界，堪称佤族有形文字的代表。佤族织锦纹样与应用如图7-51所示。

图7-51 佤族织锦纹样与应用

十二、基诺织锦——砍刀布

基诺织锦采用腰机织造，因其打纬刀形似砍刀，故又称砍刀布，原料为棉麻混纺纱，既具有棉的柔软厚实、穿着舒适，又兼备麻的透气凉爽、耐磨耐用的特点，非常适用于基诺族生存的地域环境及气候条件。

基诺织锦色线采用板蓝根等植物染料，偏向象牙白和米色，色彩构成有着稳定、和谐的美感，其色调质朴、形式简洁，有强烈的辨识度和浓郁的民族特色。

基诺织锦的条纹有宽窄之分，宽纹以强烈的对比色配置，常为等距的黑、红、蓝等色进行排列，条纹分布排列有序，遵循着简单的重复，间距的变化产生了节奏和韵律的形式美，具有明快的风格。常用来制作女子三角帽、服装和挎包，如图7-52所示。

基诺族织锦及画廊

图7-52 基诺织锦服装

十三、阿昌织锦

阿昌织锦分纬锦和经锦，以织造筒裙的纬锦最出名，被称为筒子花锦，或者节子花锦。纬锦主要有两种用途，一种是专门用来做阿昌族已婚妇女的筒裙，另一种是用来做阿昌族妇女的绑腿。经锦主要用来做阿昌族妇女结婚时必备的花腰带，故又叫"花带子"。

纬锦采用重纬组织结构，地纬起基础组织（平纹组织），纹纬起花纹组织（一上三下浮长），根据花纹需要选择纹纬的组数，地纬与纹纬的排列比为2∶1。根据花纹的需要排列，起花的纹纬与经线交织显现在织物正面，而不起花的纹纬沉于织物背面。两种或两种以上的彩色纹纬织成一个长方形的色块花纹，像竹筒一样的色段，故称筒子花锦。每一幅筒子花锦都由长短不同的筒子花组成，由五节或者七节筒子花组成阶梯形或菱形，色彩艳丽、明快，如图7-53所示。

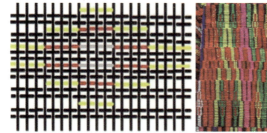

阿昌锦及画廊

图7-53　筒子花锦组织结构、纹样和服装

十四、独龙毯

独龙毯是独龙族的服装标志，一般宽1m、长2m，结实耐用，白天穿在身上作为衣服御寒，夜晚铺在火塘边又可作为被子。

独龙毯通常以麻为原料，经过剥皮、脱胶、洗麻、煮麻，后捻成麻线，用各种植物液体染成多种颜色，最后进行织造。独龙毯是独龙族妇女在原始的腰机踞织上织成的，经线用不同颜色纱线，排列成各种颜色的条纹，各条纹宽窄不等。颜色以彩虹色为主，纹样以条纹为主，风格粗狂，格调热烈，如图7-54所示。

独龙毯及画廊

图7-54　独龙毯面料和纹样

十五、藏锦织带

藏锦织带常用以束腰、扎靴、拢发乃至点缀服饰，艳丽多彩、图案优美。传统的藏锦织带一般用麻、羊毛、棉花等捻成线，染成五色或十色丝线，现代也用七彩真丝、锦纶、腈纶线膨体纱、金银线等材料混合编织。藏锦织带的宽窄长短依用途而定，一个锦带上可编织出15～38种图案，图案多是质朴、古拙、简单而色彩逼真的几何纹样或仿生题材，如图7-55所示。

藏锦织带

图7-55　藏锦织带纹样和服装

漳绒及画廊

第四节　地域特色服饰面料

一、漳绒

漳绒是江苏省丹阳市的地方传统丝织品之一。是以绒为经，以丝为纬，用绒机编织，使织物表面构成绒圈或剪切成绒毛的丝织物，可用作服装、帽子和装饰物等。因起源于福建省漳州市，故名"漳绒"，又称"天鹅绒"。

1. 漳绒的织造和起绒原理

漳绒的织造与普通织物相比，织入起绒杆是最为特殊的工艺，这种织造方法叫"杆织法"。操作时，每织入三纬后织入一根下起绒杆（不锈钢丝），投纬次序是：粗纬、细纬、细纬、起绒杆（图7-56），依次循环。织到一定长度时即在机上用割刀沿铁丝剖割，即成毛绒。毛绒如何起是依纹样设计。构成织物的纹样有两种形式：一是绒花缎地、即漳缎；二是绒地缎花，即漳绒。其特点是少有织地，有单、双色，或嵌金银线，漳绒织造采用大花楼织机，如图7-57所示。

图7-56　起绒杆

图7-57　漳绒织造用大花楼织机

2. 漳绒的工艺和艺术特色

漳绒有花漳绒和素漳绒两种。花漳绒是指将部分绒圈按花纹割断成绒毛，使之与未断的线圈联同构成纹样；而素漳绒表面全为绒圈。一般漳绒用蚕丝作原料或经线，以棉纱作纬线，再以桑蚕丝（或人造丝）起绒圈。

花漳绒分亮花和暗花两种，按色泽分素色和花色漳绒，如图7-58和图7-59所示。花纹图案多清地团龙、团凤、五福捧寿及花鸟、博古等，织地常用凹凸来表现，色彩以黑色、酱紫色、杏黄色、蓝色、棕色为主。漳绒的绒毛或绒圈紧密耸立，色光文雅，织物坚牢耐磨，回弹性好。漳绒的服装应用如图7-60所示。

图7-58　素色漳绒　　　　　图7-59　花色漳绒　　　　　图7-60　漳绒的服装应用

二、香云纱

香云纱俗称莨绸，是一种用薯莨的汁液对桑蚕丝织物涂层，再用含矿物质的河涌塘泥覆盖，经过太阳暴晒加工而成的纱绸织品。目前香云纱以广东顺德出产为主。

香云纱　　　　　香云纱画廊

1. 香云纱工艺特色

香云纱是纺织品中唯一用纯植物染料染色的丝绸面料。香云纱实际上是薯蓣科的薯莨汁液泡过的小提花绸和广东顺德、南海、三水等地特有的没有被污染过的河泥（俗称"过河泥"）发生化学反应的产物，田间香云纱制作如图7-61所示。薯莨汁液主要成分为易于氧化变性产生凝固作用的多酚和鞣质，和"过河泥"的高价铁离子发生化学反应后产生黑色沉淀物，凝结在制作绸缎的表面。

图7-61　田间香云纱制作

2. 香云纱风格特征

香云纱富有身骨、具有普通丝绸面料不具有的挺括、坚韧的厚重质感，正面色泽乌黑发亮，反面色泽为咖啡色或原底彩色，并具有莨斑和泥斑痕迹；古朴、色彩深沉，给人以高贵大气之感；质地细洁，不易起皱；穿着凉爽不贴身、遇水快干、透气性强、不贴身，香云纱面料和服装分别如图7-62和图7-63所示。

广东顺德过去有一个传统习俗，富人买回香云纱服装先给佣人穿一段时间后自己再穿。这是由于香云纱本身的材料和生产方法使新的香云纱服装纤维比较粗，穿起来不舒服，而穿过一段时间的香云纱会变柔软。

图7-62　香云纱面料　　　　图7-63　香云纱服装

三、蓝印花

蓝印花是传统的镂空版白浆防染印花，俗称药斑布、浇花布等，有1300年历史，主要产地有江苏南通、山东临沂、浙江桐乡、湖南邵阳等地。

1. 蓝印花的工艺特色

蓝印花最初以蓝草为染料印染，用石灰、豆粉合成灰浆烤蓝，采用全棉面料，经全手工纺织、刻版、刮浆等多道印染工艺制成，蓝印花关键工序如图7-64所示。

蓝印花及画廊

（a）雕版　　　　　（b）刮防染浆　　　　　（c）反复染色　　　　　（d）晾干

图7-64　蓝印花关键工序

2. 蓝印花的艺术特色

蓝印花布以简单、原始的蓝白两色，创造出一个淳朴自然、千变万化、绚丽多姿的蓝白艺术世界。纹样图案来自民间，寄托着百姓们对美满生活的向往和朴素的审美情趣。图案朴素优美、吉祥如意，大多取材于飞禽走兽、花草树木与神话传说，如五福捧寿、吉庆有余、狮子滚绣球、鲤鱼跳龙门等。纹样分类可以概括为植物纹样（图7-65）、动物纹样（图7-66）、人物纹样（图7-67）、十二生肖纹样（图7-68）、中心纹样、几何纹样、角饰纹样、蝶恋花纹样等，如图7-69～图7-72所示，蓝印花服装如图7-73所示。

图7-65　植物纹样　　　　图7-66　动物纹样　　　　图7-67　人物纹样　　　　图7-68　十二生肖纹样

图7-69　中心纹样　　　　图7-70　几何纹样　　　　图7-71　角饰纹样　　　　图7-72　蝶恋花纹样

图7-73　蓝印花服装

四、白族扎染

白族扎染主产地在云南省大理市，古称杂花布，又叫绞缬染。扎染与蜡染和镂空印花并称为我国古代三大印花技艺。白族扎染采用民间图案，使之成为融艺术化、抽象化和实用化为一体的服饰面料。

白族扎染

1. 扎染原理

扎染工艺分为扎结和染色两部分。它是通过纱、线、绳、针等工具，对织物进行扎、缝、缚、缀、夹等多种形式组合（图7-74）后再进行染色。其目的是对织物扎结部分起到防染作用，使被扎结部分保持原色，而未被扎结部分受染。形成深浅不均、层次丰富的色晕和皱印。织物被扎得越紧、防染效果越好。扎染经过手工绘图、扎缝、染漂、扎花、碾平等工序制成，以板蓝根为原料染色。

图7-74　白布扎缝

2. 扎染特色

扎染既可染成规则纹样，又可染成表现具象图案的复杂构图或彩色图案，稚拙古朴，新颖别致。如扎染以蓝白二色为主调，被线扎缠缝合的部分未受色，呈现出空心状的白布色，便是"花"，其余部分呈现出深蓝色，即是"地"，便出现蓝底白花花纹，"花"和"地"之间往往还呈现出一定的过渡性渐变的效果，多冰裂纹，自然天成，生动活泼，克服了画面、图案的呆板，使花色更显得丰富自然。青白二色的对比营造出了古朴的意蕴，且青白二色的结合往往给人以"青花瓷"般的淡雅之感。扎染面料和服装如图7-75所示。

图7-75　扎染面料和服装

五、苗族蜡染

苗族蜡染

苗族蜡染技艺流传于苗族聚居区，贵州珙县丹寨蜡染技艺尤为出名。

蜡染实际上叫"蜡防染色"，它是用蜡把花纹点绘在麻、丝、棉、毛等天然纤维织物上，然后放入靛蓝染料缸中浸染，有蜡的地方不能上染，除去蜡即呈现出因蜡保护而产生的美丽白花。蜡染的灵魂是"冰纹"，在浸染中，作为防染剂的蜡自然龟裂，导致染料不均匀渗透，使布面呈现特殊的"冰纹"，如图7-76所示。"冰纹"也是蜡染的防伪标记。

上蜡方法有两种：一是利用镂空花版，即先用镂空花版夹压好织物，再往镂空处灌注蜡液；二是利用蜡刀（蜡刀是两片铜片构成的滴蜡容器）在用蜡织物绘图，如图7-77所示。待蜡

图7-76　蜡染冰纹

冷凝后，将织物放到染液中浸染，再用沸水煮去蜡质。

苗族蜡染纹样主要有三鱼纹、蝴蝶纹、铜鼓纹，鸟纹等，如图7-78~图7-81所示，蜡染服装如图7-82所示。

图7-77　点蜡构图

图7-78　三鱼纹

图7-79　蝴蝶纹

图7-80　铜鼓纹

图7-81　鸟纹

图7-82　蜡染服装

民族服饰巡礼

第八章

国外传统服饰面料识别与应用

韩国传统服饰
面料及服装

第一节 韩国传统服饰面料

一、苎麻布

韩国传统苎麻生产技艺织制白苎布、生苎布、丝苎交织布、麻布、安东布等传统苎麻布，并在此基础上织制运用多种色彩先染线呈现条纹的春布，采用经线印花织造的绢锦春布，通过纬密度变化带来透明和不透明对比效果的线罗，用苎麻表现纹样的花纹苎布等，如图8-1所示。

（a）绢锦春布　　　　　　　　（b）云纹春布　　　　　　　　（c）生苎布

图8-1　苎麻布

二、大麻布

近代以来，韩国各地区的大麻织物形成了不同特色品种，如北布、钵内布、岭布、安东布、江布等。按织造技术分为生麻布、条纹生麻布、熟麻布、棉麻交织布（棉经麻纬），风格别具一格，如图8-2所示。

三、缎类面料

缎类包括丝线织的缎和丝苎交织缎。玫瑰纹丝/苎麻交织缎（图8-3）使用白丝作经线、蓝色丝/苎麻作纬线表现双色缎。红莲花蔓草纹丝/苎麻交织缎（图8-4）使用红丝经线、白色苎麻纬线，由手工贾卡（大提花）织机织造。苎麻的加入令纹样呈现出典雅的光泽。

条纹五方色缎（图8-5）是19世纪所用的装饰织物，由手工贾卡织机织造。白色、蓝色、红色、绿色、黑色丝线织出五方色条纹。

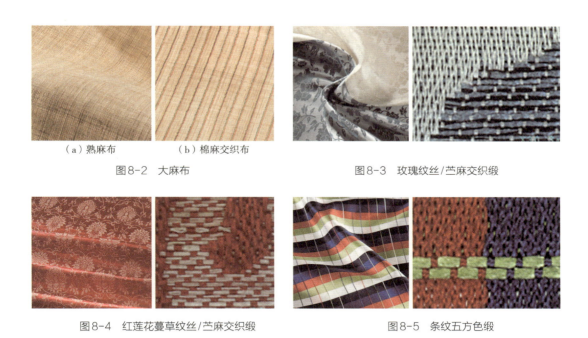

（a）熟麻布　　　　（b）棉麻交织布

图8-2　大麻布

图8-3　玫瑰纹丝/苎麻交织缎

图8-4　红莲花蔓草纹丝/苎麻交织缎

图8-5　条纹五方色缎

四、纱罗面料

纱罗种类多样，多作为韩服春秋衣料。亢罗为平纹组织和纱组织按一定比例织造，分为三足、五足、七足、九足亢罗。纹亢罗组织为亢罗地表现纹样的品种，多用于制作女袍。代表性纱罗如图8-6所示。

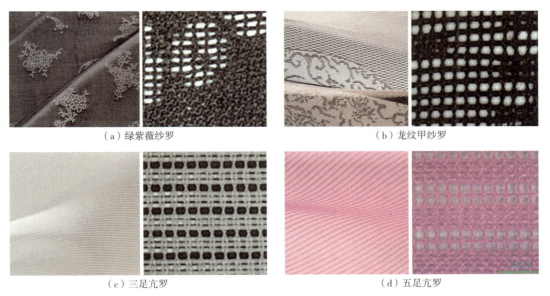

（a）绿紫薇纱罗　　　　　　　　　　　　（b）龙纹甲纱罗

（c）三足亢罗　　　　　　　　　　　　（d）五足亢罗

图8-6　纱罗面料

五、漆罗、螺钿和马尾面料

（1）漆罗面料。罗是从古代至朝鲜王朝（1392～1910年）前期的韩国代表性品种，由四根经线相互绞织，具有和纱一样透明的特点。将稀疏的罗织物涂以天然漆则形成漆罗织物，使材料变得更有弹性，如图8-7所示。

图8-7　漆罗

（2）螺钿面料。螺钿面料是运用织金技艺，并以螺钿为线的独特织造技艺织造的产品。应用织金工艺的组织结构原理，以丝线为地，附加纬线以螺钿线替代片金线，进行手工织造，如图8-8所示。

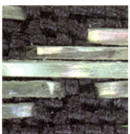

图8-8　螺钿面料

（3）马尾面料。马尾面料主要用于制作网巾、宕巾、四方冠等。马尾面料以棉作为经线，黑、白色马尾作为纬线，轮序织造条纹。采用将多根马尾并为一束作为一组纬线的方式，使织物更具弹性和坚实效果，如图8-9所示。

六、织锦

朝鲜王朝（1392～1910年）后期，金线织造技艺渐渐失传，生产断代。韩国经典织锦有：莲花蔓草童子织金缎、蓝鸳鸯纹织金绫，长丝金线织造的绿宝相花纹织金缎，整个织造用手工贾卡织机完成，如图8-10所示。

图8-9　马尾面料

第二节　日本传统服饰面料

一、西阵织面料

西阵织面料起源于约1200年前的日本，师承中国蜀锦，有日式蜀锦之称，西阵织与我国的云锦、蜀锦、宋锦、壮锦

西阵织

西阵织画廊

（a）莲花蔓草童子织金缎

（b）蓝鸳鸯纹织金绫

（c）绿宝相花纹织金缎

图8-10　织锦面料

同为"东方五大名锦"。西阵织的历史可追溯到5~6世纪，西阵是日本京都的一个地区。西阵织早期专供皇室贵族制作衣服，后来演变为地方传统产业。

（一）工艺特色

西阵织面料做工精致，制作流程繁复、织匠技术娴熟、生产要求高、耗时费力。采用"先染后织"方式，将丝线先染过色后才按照图样织成纹织品。西阵地区生产的名为欧比（Obi）的纬锦是精致、奢华的西阵织品种，其技艺是公元5~6世纪从中国传入的，局部盘梭妆彩、过管挖花、反面朝上的妆花织法与蜀锦、云锦等一致，如图8-11所示。

（二）艺术特色

西阵织面料有12个种类，包括缀、经锦、纬锦、缎子、珠珍、绍巴、风通、缤织、本皱织、天鹅绒、絣织、绸，其纹样称为友禅纹，如图8-12所示。

图8-11　西阵织的欧比纹样

图8-12 西阵织纹样面料与应用

大岛紬及画廊

二、大岛紬

大岛紬可以视为泥浆段染＋絣织的日本特色"缬花香云纱"。

（一）工艺特色

大岛紬是鹿儿岛、奄美大岛特产，是"日本三大紬"之一（另外两种是结城紬、盐泽紬）。织物的最大特色是质地朴实，风格独特，经洗耐穿，传统紬织物质地较厚，具有厚重质感和悬垂性，泥浆染色方式和质地、风格都与我国广东顺德的香云纱有类似之处，是制作和服的上佳布料，如图8-13所示。

目前的紬织物需求朝向轻薄柔细的质感发展，因此在经线使用方面，部分改为一般绢练丝、双宫茧丝等，一件紬织物的和服布料质量平均约600g。另外也有采用生紬丝织成的"生紬"，或是采用捻度较高的绢练丝织成，产生细皱纹的变化，称为"细皱织物"。

图8-13 扎缬经纬絣大岛紬纹样

（二）泥染织缬大岛紬的制作工艺

大岛紬的原材料为白色绢丝，这种白色绢丝原为岛上自产，但现在多数从巴西进口，经典大岛紬制作流程如下：扎缬绑扎防染→车轮梅染色：将其在丹宁和车轮梅根茎混合的铁锈色染液中浸泡20min进行第一次上色→泥染：含铁量丰富的奄美大岛泥土会与丝线上植物染料产生天然化学反应，将丝线的颜色变为深栗棕→拆解→经、纬絣织，如图8-14所示。

（a）扎缬绑扎防染　　　　　　　（b）车轮梅染色　　　　　　　（c）泥染

（d）拆解　　　　　　　　　　（e）经、纬絣（对花）织

图8-14　泥染织缬大岛紬制作流程

（三）压缬染织大岛紬的制作工艺

利用带有沟槽的金属压板压紧紬丝束，再进行染色，染色后那些在沟槽中的纱被染上色，而在平板区被压紧的纱则没有上色，呈白色，如此形成断续染色的条纹状缬染纱效果。通过变换压板，改变金属压板沟槽的宽度、间距、不同宽度沟槽的排列方式，从而产生不同长度、间距、排列组合的条纹，压缬染出来的纱也有丰富的变化。压缬染后的纱再在织机上进行絣织，可以形成条纹、方格等各种几何纹样，如图8-15所示。

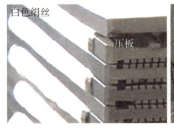

白色绢丝

压板

图8-15　压缬染织大岛紬纹样和服装

冲绳红型面料
及画廊

三、冲绳红型面料

冲绳红型面料是通过镂空雕刻型纸，再涂防染胶，最后在镂空花纹处填绘颜料或将布染色的方法。"红型"是一种染色的手法，"红"在日文里是彩色之意，又称彩色蜡染。

（一）工艺特色

整个过程包括图案设计、雕刻型版、调制防染糊、染布定位、刮印防染剂、染色、除糊料等工序。使用型纸镂刻花纹图案，雕刻红型时，冲绳的手艺人会用到一种特殊的工具——由本地的豆腐晾干制成，用来垫在待雕刻的型纸下面。这样的干豆腐块坚韧且柔软，既可以保证小刀穿透纸背，又可以吸收小刀多余力量，保证花纹线条流畅。无论扶桑花、牵牛花，还是各种鸟兽，甚至房屋和船只，都可活灵活现地呈现在染布上。

（二）艺术特色

冲绳红型面料制作多彩多姿，用色大胆艳丽，与日本和服常用低调雅致、奢华不动声色的布料相比，风景灿烂的冲绳红型织物风格奔放自在，少了拘谨，多了轻松。日照强烈的冲绳，普通染布如果长时间暴露在紫外线下容易褪色。唯有冲绳红型有特殊工艺和颜料来保持颜色，以黄色、红色、紫色、蓝色、绿色5种基本色调来调配，以鲜艳的色调和大胆的纹路为特征。冲绳红型面料和服装如图8-16所示。

图8-16 冲绳红型面料和服装

四、其他日本传统服饰面料

（1）芭蕉布。轻巧透气、触感柔软的芭蕉根纤维面料，如图8-17所示。

（2）博多织。纵条纹小提花面料，如图8-18所示。

（3）阿波正蓝染。靛蓝纵条面料，如图8-19所示。

（4）唐山织。府绸面料，如图8-20所示。

（5）本盐沢。凹凸质感面料，如图8-21所示。

（6）裂织。废旧面料撕条为纬纱的再生面料，如图8-22所示。

（7）弓滨绊。绞缬（扎染）后绊纬面料，如图8-23所示。

图8-17 芭蕉布

图8-18 博多织

图8-19 阿波正蓝染

图8-20 唐山织

图8-21 本塩沢

图8-22 裂织

图8-23 弓滨絣

第三节 东南亚传统服饰面料

一、柬埔寨织锦

柬埔寨纺织历史可追溯到公元7世纪，古代高棉（暹粒）人采用卧式织机（图8-24）生产错综复杂的"絣"织物，当地人称为"Hol"，如图8-25所示。柬埔寨提花织锦"尚红色"，采用经纱一色红，纬线挑花技艺，如图8-26所示。

柬埔寨织锦及画廊

图8-24　古代高棉卧式织机

图8-25　柬埔寨"絣"织锦

图8-26　柬埔寨织锦纹样

二、泰国织锦

泰国织锦及画廊

泰国织锦自古暹罗时代流传至今，源自泰国的东北部，那里环境非常适宜桑树生长，桑树无休眠期、终年不落叶，这也为蚕养殖和泰国织锦的生产制作提供了便利条件。泰国织锦是以黄蚕茧为原料，经由缫丝、织造、印染等工艺织造而成的质地坚挺、色泽亮丽、花色丰富、极具民族特色的丝绸制品。

（一）工艺特色

（1）妆花。泰国织锦是在织机上用妆花，即纬线挑花在平纹地上织入纬线，织工通常用手工挑出图案，偶尔也会用翘刀挑花，在织造过程中，纬线只是局部妆花，正面朝上，这是泰国织锦的独到之处，如图8-27所示。

（2）绞缬、夹缬。根据花型设计和织物宽度进行纬纱局部绑扎防染，再与经纱交织，与我国海南省黎族美孚方言区"黎花缬布"制作工艺相似，如图8-28和图8-29所示。

图8-27　泰国织锦局部妆花技艺

图8-28　纬纱扎缬

图8-29　"絣纬"织造

（二）主要种类

（1）Mat Mee织锦。图案来自自然界，如稻穗、花、鸟和树，如图8-30所示。

（2）Yok Dork织锦。通常有花的图案的织锦，这种风格在拉玛六世国王（朱拉隆功国王之后的国王）统治时期很流行。

（3）Kite织锦。一般为钻石图案织锦，通常只使用两种颜色。是用白色和黑色或深蓝色，如图8-31所示。

图8-30　Mat Mee织锦

图8-31　Kite织锦

（三）艺术特色

泰国织锦纹样以二方连续和四方连续的形式出现，繁简并存、疏密有致。常见纹样有象纹、几何象形纹、莲心纹和蟒纹等如图8-32所示。如图8-32（c）所示，该图案以莲心纹为主纹样，采用四方连续构图方式，莲心纹以相同序列重复交替排列，各空间要素具有单纯、明确、秩序井然的关系。

（a）象纹

（b）几何象形纹样

（c）莲心纹样

图8-32　泰国织锦纹样

（四）泰国织锦的应用

泰国织锦分为日常用泰锦（图8-33）和庆典用泰锦（图8-34）。根据工艺复杂和精良程度，设立了"御赐孔雀"认证标识，将泰国织锦分为"金、银、蓝、绿"。

图8-33　日常用泰锦　　　　　　　　图8-34　庆典用泰锦

三、印度尼西亚传统服饰面料

（一）面料类别

1. 宋吉锦

印度尼西亚传统
服饰面料及画廊

印度尼西亚苏门答腊岛的巨港的宋吉锦（Songket）闻名于世，使用金银丝线织制而成，如图8-35所示。

宋吉锦（图8-36）是一种妆花织金锦，在腰机上织造（与我国壮锦腰机类似），以两页地综织平纹地，其余的综杆用来织造起花纹样，精致的纹样可能需要一百多页线综，如图8-37所示。

图8-35　织金　　　　　　图8-36　宋吉锦　　　　　　图8-37　印尼宋吉锦织造

2. 经纬絣

经纬絣质地稀疏，用三种颜色染色：石栗的黄色、橄榄树根部的棕红色、靛蓝植物的靛蓝色。深蓝黑色是由红色和蓝色合染而成的。

经纬絣技术要求经纱和纬纱在织造前都要经过扎染。为了达到图案清晰的效果，织工必须在织造过程中仔细对这两组线程上的扎染图案进行对花调整。有几种传统的模式，可以以不同的方式结合起来。经纱在织机交织后拼接、对花成复杂的经纬絣纹样，如图8-38所示。

图8-38　经纬絣织造过程和纹样

3. 布朗面料

布朗面料源自印度尼西亚的北苏门答腊岛的巴塔克西马隆贡，主要用于制作妇女头巾，目前仅在少数主要仪式场合佩戴。

布朗织物中间的红色部分是经线显花，两端白色部分为纬线显花，经线从红到白转变使用的是一种称作"换经线"的技术。当红色经线织到一半时，织造者将新的白色经线接入，剪掉没有织的红色经线，连接处的红色毛边和白色毛圈就是传说中的替换技术。两端纬显花的图案织制采取先织一边再参照镜子里图案织另一边，所以图案不会完全相同，如图8-39所示。

图8-39　布朗经纱替换织物

4. 布朗腰机织物

布朗腰机织物上是一种白经彩纬、纬线显花织物，织造时开口规律由织机中间，穿入经纱片的若干根竹签控制经纱提升或下降，每根竹签控制一次引纬的时的经纱开口规律。竹签相当于多臂织机的综页，竹签的根数就是纬向循环的根数，与现代多臂织机开口原理类似。这种布朗腰机可以两个人配合在织机的两端同时织造，以提高效率，很具智慧性，如图8-40所示。

5. 手绘蜡染

蜡染技艺，当地称巴迪克，随处可见，飞机乘务员穿的制服、城市里的衬衫、稻田里农民的纱头巾。

工匠们使用被称为djanting的笔尖来涂抹传统上由蜂蜡制成的防染剂（图8-41）。布料可以反复染色几十次，达到绚丽的多色分层效果。

6. 伊卡特（Ikat）面料

伊卡特为段染纬纱的朦胧效果织物，面料生产需要对纬线进行染色以形成成品图案，织物多用棉花和合成纤维织成，但尤以蚕丝为上乘，如图8-42所示。"Endek"或"weft ikat"是巴厘岛最常见的形式，这种精致、奢华的布料往往需要数月的时间才能完成。

图8-40　布朗织物织造工艺和纹样

图8-41　蜡染工艺的涂蜡环节

（二）纹样特色

印度尼西亚纺织品纹样特征是花纹繁复、疏密相间、主题突出、夸张神秘、内容主要有人物、鸟兽、植物等，风格为写实象形，衬托以几何纹样为主，体现以人为中心的人与自然和谐相处的主题。

图8-43为印尼松巴岛（Sumba）的象形纹样纺织品，一位贵妇骑在大象身上，用阳伞遮风。大象和雨伞被视为拥有至高无上权力的象征。图8-44为印尼的托拿加（Toraja）岛的牧牛纹样织物。

图8-42　Ikat纬纱段染织物

图8-43　印尼松巴岛织物纹样

四、缅甸织锦

1. 阿切克织锦

缅甸传统服饰面料及画廊

在缅甸，最突出的是典礼服装是阿切克（Acheik）龙衣，一种男女都穿的长裙，被视为身份的象征。阿切克的意思是连接，是用多把梭子变换引纬编织的布，如图8-45所示。

2. 藕丝织锦

藕丝织锦是缅甸特有的莲梗丝织品。藕丝纤维直径仅有3~5μm，手艺人用刀绕着藕杆轻割一周拉开，捯出数条藕丝搓成细绳，如图8-46所示，然后用这些细绳纺成线用以织布。通常织造一小块藕丝方巾需消耗4000根荷花茎，如图8-47所示。

图8-44　印尼托拿加岛织物纹样

藕丝织锦具有天然的防污、防臭、抗霉功能，且防水、透气、排汗，能保持面料的干爽，手感柔软，防皱。藕丝面料用来制作传统的龙衣，部分意大利高级服饰品牌打造出一系列以藕丝织锦制作的轻盈夏季服饰，使其登上国际时尚舞台。

图8-45　阿切克织锦

图8-46　藕杆取丝

图8-47　藕丝织锦

五、老挝织锦

老挝织锦采用了经重、纬重和妆花的技术。这种织造技术和中国西南地区的壮锦、傣锦等织造技术相似，都是将花纹信息储存在一个花本之中，花本是当地女儿重要财产，无论是出嫁还是旅行都会带在身边，其中Chok织锦是老挝版"盘梭妆花"织锦；老挝泰人的利用不连续的花纬（辅助纬）织造的老挝织锦最受欢迎，老挝语中称为Chok，如图8-48所示。Chok织锦包含复杂绚丽的菱形纹样和传统的象征性图案，灵感来自自然环境，如树、花、云、水、闪电、动物、寺庙等。

老挝织锦及画廊

图8-48　老挝织锦和服装

六、越南织锦

越南织锦传统生产工艺与中国的相似。越南丝织的狭长的披肩织锦，织造方式独特，此外，当地居民从莲花茎中提取纤维，制成了一种特殊的"莲花丝"，如图8-49所示。莲花丝织物呈天然淡赭色，纤维有韧性，看似麻，其纤维结构多孔而透气性强，如图8-50所示。莲花丝织物加工与缅甸藕丝织锦异曲同工。如今，越南织锦生产工艺，正与合成纤维和棉混纺，以获得独特的悬垂性和耐洗性。

越南莲花丝面料及织锦画廊

图8-49　取丝和制丝

图8-50　莲花丝绸示意图

213

七、马来西亚传统服饰面料

1. 金绸缎

马来西亚峇迪蜡染面料和金绸缎

金绸缎（Songket）与峇迪布（Batik）齐名，是马来西亚两大服饰面料代表。峇迪布采用的是传统的手工蜡染布技术，而金绸缎则是采用金丝、银丝和棉织出复杂花纹的织物，采用纬纱局部"通经断纬、盘梭妆彩"的织锦方法，如图8-51所示。图纹设计错综复杂，远看就像中国的刺绣一样。金绸缎是由技艺精湛的匠人手工编织而成的，如图8-52所示，马来皇族和政府官员，家境优渥的马来人会在就职典礼、宗教仪式和婚礼上等正式仪式上穿戴Songket布制作而成的服饰。

金绸缎的纹样多以植物和动物为主题，如柿子的花冠、竹笋、海马等，如图8-53所示，服装应用如图8-54所示。

图8-51　金绸缎织造　　　　　　　　图8-52　金绸缎

图8-53　金绸缎纹样　　　　图8-54　金绸缎服装

2. 蜡染布

蜡染布——峇迪（Batik）是马来西亚的传统蜡染纺织品，花样设计繁复，色彩鲜艳，制作巧夺天工，已有2000多年的历史，在织物上局部覆盖一种防染蜡，以防止吸收颜色。蜡染工艺分类如下。

（1）手绘防染蜡。用带有斜面的小蜡壶描摹织物上图案轮廓，如图8-55所示。

（2）木版印花防染蜡。可规模化高效率生产，但艺术个性化和精细程度受到限制，一般用于四方连续或二方连续等蜡染纹样，如图8-56所示。

（3）手绘与木版印花防染蜡相结合。对于四方连续或二方连续的蜡染纹样，采用木版印花防染蜡以提高效率，对于织物中局部需要艺术再创造、或更为精细的纹样，采用手绘防染蜡的形式，如图8-57所示。

　　峇迪布被形容为艺术和文化的结晶，在布上设计出精细又漂亮的纹样。峇迪布料一般以民族花纹为主题，特别适合制作休闲便装，高品质的峇迪布一般是以丝绸为原料并手绘纹样。蜡染图案包括树叶、花朵和抽象图案，而描绘人、动物的设计非常罕见。马来西亚蜡染与印尼蜡染不同的是：图案更大，更简单，主要依靠画笔绘画的方法，而不是涂在织物上着色。与深色的印尼蜡染相比，马来西亚蜡染显得更年轻，更有活力。峇迪蜡染布的纹样和服装如图8-58所示。

图8-55　手绘防染蜡

图8-56　木版印花防染蜡

图8-57　手绘与木版印花
防染蜡相结合

图8-58　峇迪蜡染布的纹样和服装

第四节　南亚传统服饰面料

一、印度传统服饰面料

1. 卡迪（Khadi）面料

　　卡迪是一种手工织造的以天然麻、棉为原料的多功能面料，夏季穿着凉爽，如图8-59所示。

印度挑花与纱丽
技艺及纱丽画廊

2. 卡拉姆卡里（Kalamkari）丝绸

卡拉姆卡里是一种手绘或木版印花的棉织物，有两种独特的风格——斯里卡拉黑斯特风格和马基里帕特南风格。前者用钢笔绘制图案和填充颜色，完全是手工制作，后者涉及植物染色画，如图8-60所示。

图8-59　卡迪面料　　　　　　　　　　　图8-60　卡拉姆卡里织物

3. 巴那尔西（Banarasi）丝绸

巴那尔西丝绸以金银丝织锦的绚丽、丝绸的精美和刺绣的华丽而闻名。装饰复杂，纹样多为大自然中花卉、树叶、芒果叶等图案，如图8-61所示。

4. 桑巴普里（Sambalpuri）面料

桑巴普里面料是一种传统的手工织造面料，经纱和纬纱在织造前先进行扎染，这种织物融合了传统的图案，如贝壳、轮子、花等，如图8-62所示。

图8-61　巴那尔西丝绸

图8-62　桑巴普里面料

5. 伊卡特（Ikat）织物——局部防染印花面料

伊卡特以几何图案和有意做出的染料渗出效应而闻名。这个过程被称为防染印花，采用一系列的方法来防止染料扩散到整个织物，如图8-63所示。

6. 钱德里（Chanderi）面料

钱德里面料是一种美丽的丝棉混纺纱面料，采用传统多臂和提花织机织造。不少织物有金格子或小图案（被称为butis）。所用的纱线质量好、纱线细。由于原纱不脱胶，所生产的成品织物具有透明感，如图8-64所示。

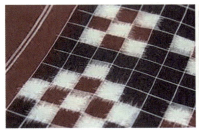

图8-63　伊卡特织物　　　　　　　　　　　　　　　图8-64　钱德里织物

7. 派他尼（Paithani）织锦

派他尼织锦工艺历史悠久，采用蚕丝织造，织物有装饰的镶边。传统的纹样有藤蔓、花朵和水果的形状，鸟特尤其是孔雀常用作设计的主题风格。采用"盘梭妆彩、过管挖花"的技艺（图8-65），采用传统提花织机织造，与中国云锦妆花技艺相似，织物色彩以彩虹色最受欢迎。派他尼面料如图8-66所示。

8. 帕托拉（Patola）面料

帕托拉采用防染印花，通常由丝绸制成。帕托拉的意思是"丝绸皇后"，纹样要求非常清晰和精确。由于劳动强度大，制作一件帕托拉面料可能需要6个月到1年的时间，如图8-67所示。

图8-65　手工过管挖花　　　　图8-66　派他尼织锦　　　　　图8-67　帕托拉面料

9. 帕什米纳（Pashmina）面料

帕什米纳面料是由精细的奶油色山羊毛制成的，上面有复杂的刺绣，如图8-68所示。帕什米纳在克什米尔的意思是软金，有些设计是手工雕版印刷的，这些雕版印刷有时可以追溯到100多年前。制作一条帕什米纳披肩需一个星期，还要耗时在披肩上手工刺绣，烦琐和乏味的工作使它成为最昂贵的织物之一。

10. 班德尼（Bandhni）扎染面料

班德尼扎染面料制作前，先将面料用线扎成小点，染色时，打结部分不着色。面料采用超细棉织物，如图8-69所示。

图8-68　帕什米纳面料　　　　　　图8-69　班德尼扎染面料

11. 坎吉瓦拉姆（Kanjivaram）锦

坎吉瓦拉姆锦是由三层纯桑蚕丝编织而成的厚实的丝织物，名为"纱丽"，形成独特而复杂的图案。织工们使用科尔瓦伊的编织方法，将不同颜色的纱线织在一起，如图8-70所示。

图8-70　坎吉瓦拉姆锦

12. 迈索尔（Mysore）丝绸——镶金边纱丽的素色绸

迈索尔丝绸由桑蚕丝制成，具有悠久的历史，作为印度特色的"纱丽"面料，绸面华丽、简约、优雅。面料为纯色，100%真丝底布，两端有一条狭长的金色镶边，如图8-71所示。可采用多臂织机或提花织机织造。

13. 科塔多利亚（Kota Doria）面料

科塔多利亚面料具有方形组织图案，使其成为最好的开放式组织织物之一。采用棉、丝和细金属线，基于方格图案在织机上进行编织。棉纱提供刚度，丝绸为织物提供光泽，如图8-72所示。

14. 金诺里（Kinnauri）披肩面料

金诺里披肩面料采用白经彩纬，纬起花组织手工盘梭织造，纬线的颜色代表自然元素——水（白色）、空气（绿色）、土（黄色）、天（蓝色）和火（红色）等。金诺里披肩织物虽然色彩对

图8-71　迈索尔丝绸　　　　　　　　　图8-72　科塔多利亚面料

比强烈，但是采用渐变色方格梯级过渡，给人以艳而不俗的感觉，如图8-73所示，与中国的云锦的晕色渐变有异曲同工之处，原料是美利奴羊毛、本地绵羊毛和帕什米纳羊毛等。

15. 贾姆达尼（Jamdani）面料

贾姆达尼意思是"一瓶花"，这种织物是先将经纱段染（局部染色）成不同色泽，或者局部染色、局部不染色交替，然后再整经对花后织造，形成自然的不规则晕色花纹效应，给人以返璞归真之感，如图8-74所示。

图8-73　金诺里披肩方格面料　　　　　图8-74　贾姆达尼段染织物

16. 穆加织锦

穆加织锦的蚕丝主要由印度阿萨姆邦加罗地区生产，是从半驯化的蚕的丝中提取的。穆加织锦最显著的特点之一是金色明亮色调和大提花花纹，具有富贵气息，如图8-75所示，与中国云锦中金宝地的风格有几分相似。

17. 巴格鲁印花面料

巴格鲁面料采用传统的印花工艺，采用天然染料和色彩，突出特点是采用靛蓝染料，如图8-76所示。图案采用刻有花纹的木块转印，分为直接印花和拔染转印两种风格。一般认为这种方式印花的传统技艺是环保的。

印度纱丽面料应用如图8-77所示。

图8-75　穆加织锦　　　　　　　　图8-76　巴格鲁印花面料

图8-77　印度纱丽面料应用

二、尼泊尔披巾面料

尼泊尔披巾
制作及画廊

尼泊尔北部高山地区家庭羊毛披巾制作主要包括羊毛纺纱、地面立柱整经、上机、分经、腰机织造、缝边工序，采用腰机织造，如图8-78和图8-79所示。

尼泊尔风格的披巾如图8-80所示。

图8-78　地柱整经　　　　　　　　图8-79　腰机织造

图8-80　尼泊尔披巾面料

第五节　中亚乌兹别克斯坦扎染面料

一、乌兹别克斯坦艾德莱丝绸工艺特色

乌兹别克斯坦的扎染经绯织物是一种扎染后经纱对花织物，与中国新疆维吾尔族艾德莱丝绸有异曲同工之处，如图8-81～图8-83所示。

图8-81　煮茧、抽丝

图8-82　扎经

图8-83　织造

一个茧丝的长度约1200m，要把二三十个蚕茧的丝合并在一起，形成柔软、有弹性的生丝，再进行扎染。乌兹别克斯坦艾德莱丝绸纹样粗犷奔放，每个产品纹样都不同，色彩绚丽鲜艳，采用植物染色，如红色是用石榴皮染制而成，黄色来源于洋葱，棕色出自坚果。

二、乌兹别克斯坦艾德莱丝绸艺术特色

乌兹别克斯坦艾德莱丝绸主要用桑蚕丝织造，按图案的要求，首先在经纱上扎结，然后进行分层染色、整经、织绸。染色过程中图案因受染液的渗润，有自然形成的色晕，参差错落，疏散而不杂乱，既增加了图案的层次感和色彩的过渡面，又形成了丝绸纹样富有变化的特点。乌兹别克斯坦艾德莱丝绸质地柔软，轻盈飘逸，尤其适用于夏装，如图8-84所示。

图8-84　乌兹别克斯坦艾德莱丝绸面料和服装

左侧竖排：纺织服装面料识别与应用

第六节　非洲传统服饰面料

一、马达加斯加传统服饰面料

1. 单综织机的妆花面料

马达加斯加织机类型丰富，其中最常用的是单综织机，如图8-85所示，几乎全部采用白经彩纬、纬线显花、过管挖花的妆花技术。自然开口和提花开口是通过操纵开口木杆形成的。马达加斯加代表性妆花织物以块格纹样为特色，通经断纬织造，难度大，色彩艳丽，对比强烈，以人物、动物、植物题材为主，充满岛国风情，如图8-86所示。

马达加斯加酒椰缬染织造及阿科索手工挑花

图8-85　单综织机＋妆花技艺　　　　图8-86　马达加斯加妆花面料

2. 阿科索大提花面料

阿科索大提花织物由阿科索织机织造，这类织机没有单独为图案的织造而设置的综杆。织工需记住图案构成，然后手动拉动综线带动经纱形成提花开口与纬线织造。图案部分的材质经常采用白色的棉线，如图8-87所示。

3. 酒椰纤维缬染绑经面料

酒椰纤维为酒椰棕榈树的叶柄中获得的强韧纤维组织。酒椰棕榈叶纤维颜色鲜明，通常一束为一磅（约0.45kg）重，是织布的特色材料，具有麻纤维的强韧性和吸汗透气性能。织造前先按图案扎染酒椰纤维的经纱，再绑经织造，酒椰纤维缬染绑经织造及面料如图8-88所示。

图8-87　阿科索大提花面料　　　图8-88　酒椰纤维缬染绑经织造及面料

二、加纳的传统服饰面料

在西南非加纳地区，人们主要用一台双轴织机来织造经显花的窄条纹织带，这些织带会边对边地缝到一起。在加纳南部，织机都有两对甚至三对综，织工能够织出纬显花和经显花织物，织物通常带有纬浮图案。

1. 肯特布

肯特布据记载，至少从16世纪开始生产，是西非最著名的窄幅布料之一，可作为围巾送给尊贵的客人。多条肯特布可拼缝在一起作为衣服，男子的衣物最多可拼缝24条，而女子的上下两件套通常需8～12条拼缝，如图8-89所示。

加纳肯特布技艺
及符号织物

图8-89 肯特布

肯特布以往属于王室贵族的专用服装，随着社会的发展，肯特布也用于婚礼、葬礼、聚会、庆典等场合。肯特布都是由普通工匠手工织成，由于价格比较贵，肯特布拼缝的服装如图8-90所示。

图8-90 肯特布拼缝的服装

2. 阿丁克拉布

阿丁克拉布以阿丁克拉符号为纹饰，广泛用于织物纹饰如图8-91所示。染料来自一种坚硬树皮，将树皮泡水一天后，敲打树皮出汁，接着沸煮两天，便会得到黑色黏稠的染料。先绘制方格，在每个方格中盖上具有象征意义的阿丁克拉符号。

图8-91　阿丁克拉面料

三、埃塞俄比亚传统纺织技艺

1. 阿姆哈拉族服饰面料

阿姆哈拉族服饰面料采用的薄棉布，棉软稀薄，在衣襟、腰部、袖口处再缝制装饰纹样。传统织机是双综双蹑、脚踏开口、手工抛梭织机。

2. 阿姆哈拉族服饰面料艺术特色

阿姆哈拉族服饰面料花纹装饰有三种方式：缬染纬纱绐织、纬纱挑花和绣花。

（1）缬染纬纱绐织。按花纹设计对白色纬纱进行局部扎染（缬染），再在织机上绐织，在经纬交织过程中，缬染点有规律地出现在不同部位，并和相邻纬纱的缬染点组成波浪等花纹，组织仍为平纹组织，如图8-92所示。

埃塞俄比亚民族
服饰画廊

图8-92　缬染绐纬

（2）纬纱挑花。白经色纬，根据花纹需要，利用不同颜色的纬纱在经纱上下挑织，如图8-93所示，花纹精细，但费工费时。

（3）绣花。利用色线在服装上绣上花纹，如几何纹样，颜色亮丽，如黑色、金色、蓝色，尤以红色、绿色、黄色为常见。

阿姆哈拉族服饰面料如图8-94所示。

图8-93　纬纱挑织花纹

图8-94　阿姆哈拉族服饰面料

四、尼日利亚传统服饰面料

1. 阿克维特布

阿克维特布是尼日利亚伊博人出产的一种独特的手织纺织品，为剑麻、大麻、棉花或其他纤维加工而成。大麻材料被用来编织毛巾、绳子和手提包，更舒适和艳丽的棉纺被用来编织日常穿着的布料。

阿克维特布由妇女采用立式织机织布。使用多种颜色的经纱可产生混合的颜色，如彩虹色效果。当经纱是一种颜色为底色，而纬纱提供花纹所需颜色，织物可编织为单面或双面，如图8-95所示。

尼日利亚传统纺织技艺及服饰画廊

图8-95　阿克维特布

2. 阿迪尔蓝染布

阿迪尔蓝染布是使用各种防染技术制成的靛蓝染色的布料。尼日利亚有千年历史的蓝染工艺技术，这种蓝染技术称为阿迪尔（Adire），约鲁巴语中即代表"绑"和"染"的意思。阿迪尔扎染生产现场如图8-96所示。

约鲁巴族妇女也会在未染色的棉布表面，涂上木薯粉糊，待糊干之后拿去染色，涂有面糊的部分则不会染上蓝色，使布匹上的花纹更精美，如图8-97所示。

图8-96　阿迪尔蓝染布　　　　图8-97　用羽毛沾取木薯粉糊绘制花纹

五、马里泥染布

马里的班巴拉人的传统生活里，泥染布表达了与自然的连结和尊敬，给予他们面对挑战的勇气，泥染布作为仪礼服饰，其几何图样是抽象的文字记录，描绘日常生活、历史事件或英雄事迹。工艺过程包括捻线、编织到染色，近年来欧美市场对泥染布的需求大增，如图8-98所示。

马里泥染布

图8-98　马里泥染布

六、科特迪瓦泥染布

科特迪瓦泥染布与马里的泥染布有异曲同工之妙，由妇女将棉花捻成线并制作染剂，男性则负责织布及绘制花纹。传统的科特迪瓦泥染布是白底，并使用混合发酵泥巴与煮过的树叶汁液进行绘画，使图案带有黑色或深褐色的线条，红色、赭色与黑色搭配为主要的颜色。科特迪瓦泥染布及服装如图8-99所示。

科特迪瓦传统纺织
技艺及服饰画廊

图8-99　科特迪瓦泥染布及服装

图案通过描绘动植物、太阳、月亮等元素，表达人们对于自然的敬意和与人的关系。每一种动物和自然元素都有其特别的含意，例如，名为珠鸡的鸟类代表女性的内在美；鸟象征自由；鱼象征活力与丰收；蛇象征大地富足；猎人象征人生的奥妙；山羊则代表男性的实力；雄狮象征王权等。

第七节　南美洲、中美洲、北美洲传统服饰面料

一、秘鲁传统服饰面料

1. 秘鲁传统羊驼毛服饰面料的织造形式

秘鲁传统羊驼毛服饰面料的织造形式如下。

（1）单综形式。纱分成两层，便于手工挑花织造，如图8-100所示。

（2）多综形式。织造基础组织如平纹、斜纹、菱形组织的织物。

（3）手工花纹挑织。如图8-101所示，手工花纹挑织有通经通纬和通经断纬两种形式。

秘鲁披巾画廊

图8-100　单综　　　　　　图8-101　手工
　　　　　　　　　　　　　　　花纹挑织

2. 秘鲁印加原住民传统纺织品

秘鲁印加原住民传统纺织品最具特色的是印加艺术风格的羊驼毛提花织物，用于外衣、裙子、披肩、斗篷、帽子、围巾、毛毯等，如图8-102所示，这些温暖又多彩的织物仿佛就是秘鲁给人们留下美好印象。

图8-102　羊驼毛面料和服装

（1）帽子。在秘鲁，男人帽子编织技艺的高低代表着其生活能力，做出的帽子越精致细密，他在婚恋市场就越"紧俏"，印加原住民羊驼毛织物如图8-103所示。

（2）日历腰带。腰带在秘鲁是记述一年仪式、农业活动的日历，如图8-104所示。

图8-103　印加原住民羊驼毛织物　　　　　图8-104　印加原住民
　　　　　　　　　　　　　　　　　　　　　　　　　　　日历腰带

3. 秘鲁印加原住民传统纺织品的艺术特色

（1）钻石（菱形）配彩虹色。在安第斯山脉地区，典型特征是钻石（菱形）的纹样和强烈的色彩，并采用渐变色实现由明到暗的过渡，如图8-105所示。

图8-105　钻石彩虹纹样

服装色彩和层次极为丰富，但又很和谐，彩虹神被古印加人认为有着彩虹的七彩之光，是风调雨顺的象征。

（2）图腾纹样。纹样图案大多是当地宗教所崇拜的神灵与怪兽，其中最常见的纹样有几何风格化的美洲虎、双头蛇、兀鹰、飞鸟以及盛装的雨神等。

二、玻利维亚印第安原住民织锦

玻利维亚织毯技艺及织锦画廊

玻利维亚印第安原住民采用立式织机手工挑织织锦，如图8-106所示。纹样逼真细腻、写实，来自大自然的动植物以及生活中的细节，如狩猎、耕作、舞蹈、庆典、房舍、宗教等，四周有几何纹样衬托中心主题，整体规整，配色和谐、画面感强，如图8-107所示。

图8-106　立式　　　　（a）动物纹样织锦　　　　　（b）庆典纹样织锦
织机织造　　　　　　　图8-107　玻利维亚印第安原住民织锦

三、危地马拉玛雅人传统服饰面料

1. 妆花织锦

　　玛雅传统纺织材料是棉和龙舌兰纤维，染料取自动植物，先将纤维捻线，再用腰机织造布料。玛雅织锦采用妆花技艺，做工精细，以折线、菱形、平行四边形等几何元素构成象形纹样，如树木、神灵、动物等，规整中富于变化，如图8-108所示，通过同色系渐变的晕色来调和对比色，配色和谐，浓而不艳。

危地马拉织锦
技艺及画廊

　　传统纹样和现代款式毫不违和，保留着独特的玛雅文化风格，传统纹样代表了女性的力量和勇气，花鸟纹织锦如图8-109所示，玛雅女上装如图8-110所示。

图8-108　几何元素象形纹织锦

图8-109　花鸟纹织锦

图8-110　玛雅女上装

2. 缬染布

危地马拉玛雅高地的手艺人至今还使用玛雅传统复杂的手工扎染技术染出丰富多彩的图案，以加工玛雅人特色的服饰。当地玛雅人称这项手艺为Jaspe。手艺人要把线绑在杆上，打上百个结，然后把线浸泡到深色染料中，取出来后，把原来的结解开，多样的图案便呈现出来。经绷或纬绷后才将经纱在脚踏多综多蹑织机上织造，成品如图8-111所示。手艺人用扎染过的线编织成布料，通常被用来制作特色女式披肩或裙子。

图8-111 玛雅人扎经缬染布

四、北美洲墨西哥印第安人纳瓦霍族披毯

墨西哥印第安人纳瓦霍族毛披毯做工精细、质地厚实、风格朴实、纹样粗犷大方、色彩热烈，织造采用立式织毯机。

图8-112为国际友谊博物馆馆藏的毛织印第安人斗篷，长150cm，宽82cm。

墨西哥印第安人纳瓦霍织毯技艺及画廊

墨西哥天使之眼绒线编织

图8-112 毛织印第安人斗篷

墨西哥印第安人纳瓦霍族毛披毯色彩热烈、对比鲜明，以几何纹样为主，以平行四边形元素相互勾连，组成菱形块，多个不同颜色的菱形块向心排列，组合成一个整体，间或配以渐变色或对比色，颇具热带风情，如图8-113所示。

图8-113 纳瓦霍族毛披毯

第八节　欧洲传统服饰面料

欧洲传统纺织
服饰面料画廊

一、英伦风面料

英伦风格服装以传统与精致为基调，展现出一种典雅的英国贵族气质。它强调经典剪裁、手工细节、传统图案和高品质面料，穿起来既舒适又有品位，适合追求经典与典雅风格的人士。

1. 英伦风面料风格元素

（1）纤维材质。英伦风格服装注重使用优质的天然纤维面料，如羊毛、丝绸、棉麻等，面料具有良好的质感和舒适度，能体现出品质和品位。

（2）色泽。英伦风格服装偏爱自然色系，如深蓝色、藏青色、灰色、卡其色等。低调而典雅的颜色使服装更具质感和气质，容易与其他服饰进行搭配。

（3）引用传统元素。英伦风格服装常借鉴传统的军装、学院风格和乡村风格的元素，如马甲、腰带、领结等，营造出一种充满历史和文化底蕴的氛围。

2. 英伦风正装面料

英伦风源自英国维多利亚时期。英伦风正装面料以自然、优雅、含蓄、高贵为特点，运用苏格兰格子、面料经良好的剪裁以及简洁修身的设计，体现绅士风度与贵族气质，个别带有欧洲学院风的味道。

（1）高级羊毛面料。高级羊毛面料具有柔软、保暖和透气等特点，且具有一定的弹性和耐磨性。这种面料常用于制作西装，如图8-114所示。此外，该面料常用于外套、裙子和裤子等正式的英伦风格服装。

（2）法兰绒面料。法兰绒是一种用粗梳毛纱织制的柔软而有绒面的毛织物。法兰绒面料于18世纪创制于英国的威尔士，表面有一层丰满细洁的绒毛覆盖，不露织纹，手感柔软平整，身骨比麦尔登呢稍薄，如图8-115所示。

（3）格林格面料。也称威尔士亲王格纹，风格高贵典雅，极具书卷气息，为充分体现绅士们的精致而设计，格林格面料颜色多以黑色、灰色、白色组合，偶尔还会夹杂其他颜色细线。格林格是格纹中最复古的，呈现从贵族王室崇尚的低调中散发出来的高级感，如图8-116所示。

3. 英伦风休闲面料

（1）花呢。花呢面料是英伦风休闲面料中非常受欢迎的面料，具有丰富的色彩和细腻的手感，以高品质的羊毛或混纺羊毛为原料，具有纹理清晰、防风保暖等特点，常用于制作英伦风格的外套、马裤和裙子等，如图8-117所示。

图8-114　高级羊毛西装面料　　图8-115　法兰绒西装面料　　图8-116　格林格西装面料

图8-117　花呢面料和休闲西装

（2）苏格兰格纹面料。苏格兰格子历史悠久，在现代服装设计中，苏格兰格子运用的形式与手法也越来越丰富，风格日趋多样化。颜色采用明暗对比，格型较大，风格粗犷，适宜用作秋冬服装面料。

苏格兰格子长期以来都被广泛用于苏格兰、爱尔兰、英格兰东北部以及威尔士地区的编织工艺上。苏格兰方格裙起源于一种叫"基尔特"的古老服装，这是一种从腰部到膝盖的短裙，用花呢制作，布面有连续的大方格。传统苏格兰格纹面料和服装如图8-118所示。

图8-118　苏格兰格纹面料和服装

二、法国蕾丝面料

法国蕾丝

蕾丝是网眼组织，最早由钩针手工编织，在女装特别是晚礼服和婚纱上用得很多。18世纪，欧洲宫廷和贵族在袖口、领襟和袜沿也曾大量使用。

在法国，蕾丝的制作是一个很复杂的过程，它是按照一定的图案用丝线或纱线编结而成，而中国的一些传统的花边是钩制或刺绣的。蕾丝制作时需要把丝线绕在一只只的小梭上面，每只梭仅有拇指大小，大一些的图案则需要几百只小梭。制作时把图案放在下面，根据图案采用不同的编、结、绕等手法来制作。简单图案要一个熟练的女工花上一个月才能完成。手工制作的蕾丝常用于高级时装上面，在国外深受贵族的青睐。服装上使用的"蕾丝"泛指的是各种花边，自约翰·希斯科特（John Heathcoat）发明花边织机（于1809年获得专利）后，蕾丝大多是由机器生产，如图8-119所示，机器可以生产非常精细和规则的六边形蕾丝底。手工艺者只需要在网上织成图形就可以了，这种网一般是真丝材质。

图8-119　法国一百多年前的蕾丝机

蕾丝彰显性感与甜美混搭的迷幻风，从外衣到内衣皆有应用，从光鲜的T台到大众流行，受到了一致的追捧，如图8-120所示。

蕾丝柔软、透气、易熨烫，因此开始被大面积运用在服装上。女士们喜欢在领口、袖口、裙摆处露出蕾丝花边，桌布和餐巾也常配有白色蕾丝。

图8-120　蕾丝面料和服装

三、欧洲传统丝绸面料

1. 意大利丝绸

丝绸沿丝绸之路传入意大利罗马，13～14世纪是丝织艺术蓬勃发展的时期，一些意大利丝织品展现了明显的中国风迹象，体现了东方文化对当时欧洲艺术的影响。在意大利丝

意大利时尚　　意大利科莫
丝绸面料　　　丝绸小镇

织艺术中，可以看到与中国丝绸类似的色彩运用，鲜艳的红色、蓝色、金色和绿色等颜色常出现在丝织品上，为作品增添了华丽和精致的视觉效果，如图8-121所示。

图8-121　意大利中国风传统丝绸和服装

意大利丝织艺术家们在设计方面也展现了创新的精神。他们从不同的文化和艺术传统中汲取灵感，将其融入丝织品的图案和装饰中。他们引入中国传统的花卉、云龙和凤凰等纹样。这些中国风元素为意大利丝织品注入了新的生命和艺术性，赋予了作品更加精致和独特的外观如图8-122所示。

科莫是意大利丝绸中心，生产领带、丝巾和服用丝绸。科莫丝绸无论是织造还是印染都是世界一流的水准，传承至今，聚集了世界顶尖奢侈服装品牌。现代意大利丝绸风格如图8-123所示。

图8-122　意大利黄地　　　　图8-123　现代意大利丝绸风格
　　　　对花神话人物织锦

2. 法国丝绸

法国传统
丝绸及服饰

自丝绸从中国引进欧洲之后，法国纺织人士迫切想学习养蚕缫丝技艺，以满足法国上流社会在巴洛克、洛可可和新古典主义影响下对服装奢华精致的需求。法国人曾经从日本引进了樗（音初，即臭椿树）蚕蛾，回法国发展丝绸业，制作椿绸，这些引进的樗蚕蛾（图8-124）逃逸并繁衍生息，至今仍能在巴黎见到这些"侨民"的身影。

法国里昂也是欧洲丝绸的发源地之一，19世纪初，法国人约瑟夫－玛丽·雅卡尔（Joseph-Marie Jacquard）在中国古代大花楼织机"挑花结本"的原理基础上，发明了机械提花龙头。这种大提花织机以他名字命名为Jacquard。利用打孔卡片为图样编制程序，实现了丝绸提花的自动化。

法国桑蚕丝绸图案设计的元素也受到中国风的影响，以中国元素为贵族时尚，织造技艺学习中国织锦的通经通纬和盘梭妆彩的妆花技法。法国红地中国风织锦如图8-125所示。法国花卉建筑纹样妆花缎如图8-126所示，该纹样为巴洛克风格，图案复杂、大气、色彩丰富。洛可可风格绣花丝绸如图8-127所示，图案柔美，呈现心形、S形等。图8-128丝绸天鹅绒，满足洛可可风格女装繁复、夸张要求，如图8-129所示。

图8-124　樗蚕蛾

图8-125　法国红地中国风织锦

图8-126　法国花卉建筑纹样妆花缎

图8-127　洛可可风格绣花丝绸

图8-128　法国丝绸天鹅绒

图8-129　洛可可风格服装和面料

3. 荷兰丝绸

　　荷兰除学会了中国青花瓷技艺并实现了本土化生产外，在16世纪末至17世纪，荷兰东印度公司深入中国大陆，学会了中国的养蚕缫丝技艺，并逐步实现了本土化生产，如图8-130和图8-131所示。

　　荷兰贵族用高档丝绸受中国织锦妆花技艺和中国纹样风格影响很大，丝绸上的刺绣纹样以花草和动物纹样为主，荷兰绿地蕾丝纹妆花缎和刺绣如图8-132和图8-133所示。

图8-130　17～18世纪荷兰缫丝车间

图8-131　荷兰丝绸纹样

荷兰蒸汽机驱动
大提花机

图8-132　荷兰绿地蕾丝纹妆花缎　　　　图8-133　荷兰刺绣

4. 西班牙丝绸

图8-134所示为9世纪时期一种用银线装饰的西班牙提花丝织品。

探访西班牙瓦伦
西亚丝绸小镇

图8-134　受阿拉伯文化影响的西班牙织锦

丝织物的图案设计和织造工艺还依赖于西班牙与其他地中海国家的文化及贸易。金银丝花缎是一种纬面混织斜纹织物，是早期主要的织品。这种织品很大可能是9世纪在西班牙开设作坊的巴格达织工织造的，织物以圆形图案里围绕成对的鸟兽图案为特色，与叙利亚产的丝织物十分相似。15世纪，西班牙丝织业开始依赖涌入西班牙开设天鹅绒织造坊的意大利织工，到了18世纪，西班牙丝织业转而依赖里昂的法国织工和设计人员。人们很难把西班牙丝织品与中东、北非和意大利的丝织品作区分，然而西班牙丝织品的主要特点是，精细的几何图案里含有框架和空隙，当中饰有鸟翼一类的图案，如图5-135所示。

图8-135　西班牙织锦纹样

色彩也是尤为重要，在金银丝花缎中，稍加搓捻的光泽艳丽的丝质斜纹纬浮线增强了色彩的表现力，营造了熠熠生辉的效果。许多设计还采用对比强烈的两种颜色，着重勾画图案的轮廓，使图案从背景中突显出来，用白色或黑色的轮廓线进一步加强图案效果。

　　西班牙丝织物设计将几何图形与风格化的题款结合，如图8-136所示。

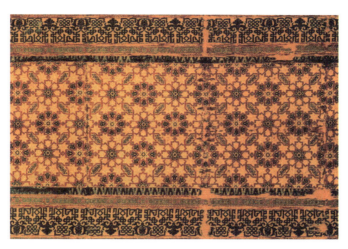

图8-136　几何元素纹样织锦

　　西班牙织品上早期的题款是库法体古阿拉伯文，有棱有角，后来逐潮用花草、涡卷或棕榈叶图案组合加以修饰。12世纪后西班牙织品上纳斯基草书图案越来越普及，分布于织物的宽带中，宽带或穿过织有鲜艳图案的布面，或置于图案和空隙之中。图8-137所示是一块18世纪早期丝绸，上面用丝线和雪尼尔花线织有参加化妆舞会的人物形象。

图8-137　人物纹样织锦

四、德国巴伐利亚传统服装面料

在阿尔卑斯山一带，德国巴伐利亚传统大众女装流行于德国东南、奥地利、瑞士和列支敦士登等国家和地区。典型装束为：一件束身衣、一件泡泡袖白衬衫、长裙、围裙、发带或帽子，是阿尔卑斯山农妇工作时穿着。

巴伐利亚传统服装面料采用天然棉、亚麻或羊毛，面料纹样一般是朝阳格、条纹，颜色为粉色、蓝色等亮色，给人以春天的感觉，如图8-138所示。

巴伐利亚女装的领口镶着白色、粉色等颜色的花边，最明显的特征是从肩膀到胸口有一块长方形的布，布上镶着美丽的花边，布上也有许多装饰，如蕾丝、蝴蝶结等，十分有气质。

巴伐利亚衬衣是德国的传统服装之一，它通常是由高品质的棉或亚麻制成，颜色以白色或米色为主，如图8-139所示。

图8-138　巴伐利亚女装

图8-139　巴伐利亚衬衣

第九章

不同风格服装面料识别与应用

休闲风格服装
三维动态展示

第一节　休闲风格服装面料

　　休闲风格服装（休闲装）是指人们在休闲场合所穿的服装。所谓休闲场合，就是人们在公务、工作外，置身于闲暇地点进行休闲活动的时间与空间，如居家、健身、娱乐、逛街、旅游等都属于休闲活动。在这些场合，人们可以通过社交、娱乐等方式放松身心，增强社交能力，拓展个人兴趣爱好。

一、休闲装的分类

1. 商务休闲装

　　商务休闲装是指在商务工作环境中以商务、时尚气息为主设计出来的服装，职业而又偏休闲。一般配合条纹的POLO衫、休闲西裤、休闲皮鞋，如图9-1所示。

2. 家居休闲装

　　家居休闲装是指在原本的休闲装中加入家居服的元素，使服装更加自然、舒适，体现活泼、阳光的自然之美，如图9-2所示。

3. 运动休闲装

　　运动休闲装具有明显的舒适性、功能性，以便在休闲运动中舒展自如，以良好的自由度、功能性和运动感赢得大众的青睐。如全棉T恤、涤棉套衫以及运动鞋等，如图9-3所示。

图9-1　商务休闲装　　　　图9-2　家居休闲装　　　　图9-3　运动休闲装

　　休闲装追求舒适、方便、自然，给人无拘无束的感觉，一般有家居装、牛仔装、运动装、沙滩装、夹克衫、T恤衫等。男式西服也可以做成休闲装，做男式休闲西服常用面料有小格子薄呢、灯芯绒、亚麻等，式样大多为不收腰身的宽松式，背后不开叉，有的肘部打补丁，有的采用小木纹纽扣等。一般休闲装面料会选择有弹力的、柔软的、吸湿透气性强的面料。常见的面料成分有全棉、棉涤、涤棉、锦棉、棉锦、天丝、麻等。

二、休闲装的主要面料

1. 机织物

机织物中纱线以垂直的方式互相交错，因此具有坚实、稳固、缩水率相对较低的特性。主要有以下品类。

（1）素色平布。运用有机棉或彩棉与可再生涤纶、生物基氨纶等混纺，搭配磨毛工艺处理，织物具有良好的透气性，触感柔软，穿着舒适保暖。运用合体或宽松量剪裁，搭配异质拼接、创意口袋设计、贴布绣、装饰线迹、褪色感水洗工艺，赋予服装丰富多变的造型风格，如图9-4所示。

图9-4　素色平布

（2）色织格子布。运用棉与涤纶、锦纶等混纺而成的色织条纹和格纹，且运用磨毛或液氨整理，令织物柔韧耐磨、保暖，穿着舒适温暖。款式设计上运用不同材质拼接、拼贴、刺绣、印花、装饰织带等，将这些元素细节进行综合运用及搭配，如图9-5所示。

图9-5　色织格子布

（3）斜纹布。经纱数多于纬纱数（通常3∶1），形成斜面纹。特殊的布组织令斜纹的立体感强烈，平纹细密且厚，光泽较柔和，多用于西裤。

（4）尼龙布。表面和底面的布纹都使用化学纤维，面料耐用，易洗易干，布面呈毛状，保暖，一般用于风衣或外套面料。

（5）灯芯绒面料。灯芯绒面料是男装衬衫品类下的高热度面料之一，涵盖针织灯芯绒与机织灯芯绒，针织灯芯绒以不同的条款及基底密度呈现出不同风格的外观；机织灯芯绒面料拥有良好的骨感，却不失柔软触感，如图9-6所示。

图9-6　灯芯绒面料

2. 针织物

针织物是经纱线成圈的结构形成的织物，主要由以下品类。

（1）平纹布。表面是低针，底面是高针，织法结实，较双面布较薄，质轻，透气，吸汗，弹性小，表面平滑，相对易皱及变形，多用于T恤。

（2）罗纹布。布纹形成凹凸效果，比普通针织布更有弹性，适用于修身款式的服装，如图9-7所示。

图9-7　罗纹布

（3）双面布。表面和底面的布纹一样，布的底面织法一样，比普通针织布幼滑，富有弹性及吸汗，洗后容易起毛，多用于T恤，如图9-8所示。

（4）珠地布。布表面呈疏孔状，有如蜂巢，比普通针织布更

图9-8　双面布

透气、干爽及更耐洗。

（5）毛巾布。底面如毛巾起圈（如80%棉+20%聚酯纤维），保暖，多用于外套或T恤。

（6）卫衣布。底面如毛巾起圈，棉纱线织纹，布面如毛巾布保暖，耐洗，柔软，吸汗，多用于秋冬款运动服，如图9-9所示。

图9-9　卫衣布时装

（7）华夫格布。布表面呈华夫饼的蜂巢组织形状，立体感强，洗后较易变形。

（8）涤纶丝光双面布。不含棉的成分，比较贴身显线条，不透气，容易勾线。

（9）绒布。布身经抓毛后剪去表层呈起毛效果（如80%棉+20%聚酯纤维），保暖，弹性好，可机洗，平滑，柔软，会起静电，多用于外套。

第二节　职业风格服装面料

职业风格服装
三维动态展示

职业装又称工作服，是为工作需要而特制的服装。职业装需根据行业的要求，结合职业特征、团队文化、年龄结构、体型特征、穿着习惯等，从服装的色彩、面料、款式、造型、搭配等多方面考虑，提供最佳设计方案，为顾客打造有内涵及品位的全新职业形象。针对用户进行规范、整洁、美观、统一有组织的系统传播，可以充分展示一个公司或部门的形象，代表一种文化，形成内外认同感，使公司或部门具有更高的凝聚力、竞争力和可信度。

一、职业装风格

（1）通勤风格。通勤装指在通勤途中、工作场所和社交场合穿着的服饰。通勤风格服装相比职业风格服装更加随意，但比平日所穿的休闲装更正式。像时髦的牛仔裙、印花长裙以及休闲感T恤等偏休闲性质的服装都能称为通勤装。较为常见的通勤装可分为日式通勤、韩式通勤和欧美通勤，如图9-10所示。

（2）职业风格。职业制服是职业装的典型，应用范围广泛。职业制服常出现在商业机构，如工厂、购物中心、航空、铁路、航运、邮政、投资银行、旅游、餐饮、娱乐、酒店等；秩序力量的管理和安全机构，如军队、法院、海关、税收等；公共服务和非营利组织，如研究、教育、医院、体育等，如图9-11所示。

图9-10　通勤风格

图9-11　职业风格

二、职业装面料选用

（1）TC牛津纺面料。颜色浅，不褪色，不起球，易洗快干，手感松软，吸湿性好，穿着舒服，适合做夏季轻薄工作服，如图9-12所示。

（2）纯棉细斜纹面料。一般做单层夹克款式，可用于春、夏、秋季。面料比较硬挺结实，透气吸汗。起毛，全工艺整理，起球级别降低。相对纱绢更柔软，肤感更好。几乎不考虑皱缩。纯棉细斜纹面料如图9-13所示。

（3）TC纱绢面料。一般做单层夹克款式，可用于春、夏、秋季。面料比较硬挺结实，透气吸汗；起毛，全工艺整理，容易起球。

（4）TC府绸面料。一般做衬衫款式，使用于夏季。面料透气吸汗，轻盈，相对不耐穿。起毛，全工艺整理，起球级别降低。几乎不考虑皱缩，耐污等级几乎和吸汗斜纹绸一样。

（5）TC帆布面料。一般做单层衣服、双层夹克款式，可用于春、秋、冬季。面料比较硬挺结实，透气吸汗。起毛，全工艺整理，起球级别降低。几乎不考虑皱缩，耐污等级稍差于吸汗斜纹绸。布面平整，外观粗狂。TC帆布面料如图9-14所示。

（6）TC纱卡面料。一般做单层衣服、双层夹克款式，可用于春、秋、冬季。面料比较硬挺结实，透气吸汗。起毛，全工艺整理，起球级别降低。几乎不考虑皱缩，耐污等级稍差于吸汗斜纹绸。TC纱卡面料如图9-15所示。

（7）TC精工呢面料。TC精工呢面料采用涤纶长丝与棉纱交织，斜纹为面，布面既有化纤的抗皱、防起毛功效，背面又不失棉的舒适、吸湿透气等特性。

图9-12　TC牛津纺面料

图9-13　纯棉细斜纹面料

图9-14　TC帆布面料

图9-15　TC纱卡面料

古典风格服装三维动态展示

第三节　古典风格服装面料

一、古典风格服装面料特征

古典风格服装是指具有规范、纯粹、明确、简洁等古典主义特征的服装作品。古典风格服装的形式特点主要表现在以下几个方面：一是整体造型上以完美呈现人体的自然形态为基本目标；二是剪裁结构上讲究立体、简单以及对称；三是面料选择上坚持低调和质朴；四是色彩图案设计上崇尚单纯和简洁。

古典风格服装倾向于庄重、素雅、高明度、低纯度的色彩，如米色、灰色、白色、浅棕色等，在运用时常以素色为主。经典纹样的图案设计起到点缀作用。面料一般采用手感轻薄、滑爽的丝绸缎料和薄纱，表达悬垂效果和褶皱效果。

二、古典风格服装面料选用

（1）贡缎面料。缎纹组织使面料密度更高，所以面料更加厚实。缎纹组织产品比同类平纹组织、斜纹组织产品成本更高。布面平滑细腻，富有光泽。

（2）雪纺面料。雪纺面料采用涤纶或者真丝为原料，经左右加捻加工而成，以超薄型的特性赢得众多女性的青睐。由于面料经纬疏朗，特别易于透气，染色中的碱减量处理充足，使面料手感尤为柔软，是时髦女性所追求的时尚面料。另外，弹力雪纺是采用涤纶丝与氨纶丝为原料，产品既显示一种亚麻风格，又具备伸缩自如的特性，不仅穿起来倍感轻松，而且能平添洒脱之美，如图9-16所示。

（3）丝光棉面料。以棉为原料，经精纺制成高织纱，再经烧毛、丝光等特殊的加工工序，制成光洁亮丽、柔软抗皱的高品质丝光纱线，以这种原料制成的高品质针织面料叫作丝光棉面料。丝光棉面料不仅完全保留了原棉优良的天然特性，而且具有丝一般的光泽，织物手感柔软抗皱，吸湿透气，弹性与悬垂感颇佳，加之花色丰富，穿着起来舒适而随意，充分体现了穿着者的气质与品位。

（4）府绸面料。府绸面料的品种很多，根据所用纱线不同，分为纱府绸、半线府绸和全线府绸；根据纺纱工艺不同，分为普梳府绸、半精梳府绸、精梳府绸，根据织造工艺不同，分为平素府绸、条格府绸、提花府绸；根据染整加工不同，分为漂白府绸、杂色府绸、印花府绸，如图9-17所示。

图9-16　轻灵飘逸的雪纺面料

图9-17　意大利某著名品牌府绸面料

第四节　浪漫风格服装面料

浪漫风格服装
三维动态展示

一、浪漫风格服装面料特征

浪漫风格源于19世纪的欧洲，在面料和装饰搭配上，浪漫风格服装的面料追求自然和质感对比。流行的浪漫风格面料有轻柔的薄棉布，织纹较密的白麻布，薄纱，凹凸丝织物，提花丝织物，格纹、条纹的轻质毛织物和刺绣的蝉翼纱。采用泡泡袖、珠片绣、荷叶边、网纱、蕾丝花边、毛边、流苏、刺绣、抽褶、蝴蝶结、花结和花饰以及各种图案等做装饰，缤纷斑斓。

随着服装风格的发展，人们对于浪漫风格的定义也在不断改变，融入了其他领域的风格特点。为了表现女性的柔美，服装颜色多使用富于变化的浅色调，并且多使用花卉图案。新浪漫风格继承了典型的浪漫风格，突出了服装整体的轻盈感，这种轻盈感的效果则是通过使用雪纺、双绉等轻柔面料达到的。

二、浪漫风格服装面料选用

（1）蕾丝刺绣面料。将花纹绣制在底布之上，显得飘逸灵动。蕾丝花纹立体饱满，层次分明，独具匠心。雕塑感的镂空刺绣面料典雅有质感，亲肤柔软的网底蕾丝刺绣面料柔美性感，朦胧透视的纱底蕾丝刺绣面料仙气梦幻，质朴的棉底烧孔蕾丝面料带给人们回归自然的舒心感受。花型突出立体雕塑感的镂空刺绣蕾丝面料，抽象的花型纹路迎合了浪漫艺术风潮，如图9-18所示。

图9-18　蕾丝刺绣女装

（2）雪纺印花面料。雪纺具有轻薄、柔软、飘逸、滑爽、透气、易洗等特点，并且其舒适性和悬垂性也很好。面料既可染色、印花，又可绣花、烫金、打褶等。雪纺印花面料多以浅色调和浅素色泽为主，如图9-19所示。

（3）丝绒提花面料。丝绒提花面料是割绒丝织物的统称；表面有绒毛，由专门的金丝被割断后构成，成分以涤纶为主。精致清透的花式织物在夏季呈现清新、哑光和甜美的风格，为柔美的夏季连衣裙和上衣注入复古感。凸纹流苏花饰和金属感几何图形装饰性点缀在巴厘纱、欧根纱、薄丝绸与超精细府绸细布上，打造多层式的包缠纱外观，包缠纱设计为分层式薄纱增添细腻精致表面纹理。

（4）骨线蕾丝面料。在朴素、精致风格的双重影响下，纯真花卉图案、心形图案蕾丝和饰边设计展露浪漫怀旧风格。超轻柔软的绣花蕾丝适用于梦幻复古和意趣个性的裙装、小衫款式，搭配高捻纱打造丝柔手工质感。采用撞色或重磅纱制作精细图案与零散空花图案，花型上的纱线高捻勾边设计，呈现勾勒轮廓的精致效果，使蕾丝、空花绣和刺绣面料符合夏季轻薄、清新的趋势走向，如图9-20所示。

（5）轻垂绉纱面料。柔软垂感面料用独特的粉质手感和清爽弹性垂感风靡春夏季，缎背绉、细纱珠地、绉纱式纹理与罗纹斜纹布，搭配天丝、铜氨丝和纤维素纱线形成面料，如图9-21所示。

图9-19 雪纺印花女装

图9-20 骨线蕾丝面料女装

图9-21 轻垂绉纱面料和女装

第五节　都市田园风格服装面料

都市田园风格服装三维动态展示

都市田园风格是都市风格和田园风格的结合体。"江南布衣"品牌推崇"自然、健康、完美"的生活方式，全情演绎与自然相融的理念，它独特的都市田园风格受到了追求意趣生活的都市女性的青睐。田园风格最大的特点是追求一种原始的、纯朴自然的美。它倡导回归自然，崇尚清淡，展现朴实生活的气息；它强调的不是装饰，而是自然的美；它力求表现悠闲、舒适、自然、自由的田园生活情趣。都市风格强调的是时尚感，追逐潮流，讲究简洁大气，在此基调上以适应都市生活的着装需要，既要符合日常工作的职业形象，又要兼顾休闲娱乐的轻松舒适，它将都市职业女性对时尚的追求、对生活充满信心及活力的精神发挥得淋漓尽致，各种元素、风格都可与都市风格完美结合以彰显都市的时髦感。

一、都市田园风格服装面料特征

（1）舒适性。环保低碳的生活理念和生活方式引领服装面料的发展方向，色彩自然、质感舒适的面料越来越受到当代人们喜爱。通过对织物质地、弹性、柔韧性、吸湿性、悬垂性等的改进，可以让服装面料的舒适性提高。或者，通过对织物进行丝光、砂洗等工艺处理，使其手感更柔软，穿着更舒适，从而提高面料性能。

（2）功能性。随着当代人们生活品质的不断提升，消费者对穿着面料的功能性有着明确的要求。如将亚麻和竹纤维进行交织，可以使面料在保持亚麻产品风格的同时，增加产品的抗菌除臭功能，提高产品的附加值。

（3）时尚性。服饰的载体是面料材质，材质本身所产生的变化便是服装最具有魅力的地方。时尚个性化的心理需求，促进了当代人服装材质的多元化。同时，面料的外观迷人、色彩丰富、手感柔软、视觉细腻等都引人遐想。

（4）轻薄性。对休闲生活的追求与向往使人们更喜欢轻薄、飘逸、自在的服装。纺织技术的发展也让面料轻薄化成为可能。外观轻柔、穿着舒适的面料非常适合女装设计。

二、都市田园风格服装面料选用

（1）色织条格面料。宽窄不一、均匀分布的条纹带有强烈的炫目效果，渐变色效果营造出虚幻的质感。风格肌理，单色条纹、多色条纹、渐变色效果条纹是材质亮点，精梳棉、丝光棉可与弹性纤维混纺增加活动空间，适用于衬衫、连衣裙等。

（2）亚麻斜纹面料。柔软舒适，同色提花等面料，可以设计西服套装、裤装。亚麻斜纹面料融合文艺、慢生活时尚风格，强调以简约、质朴、舒适和自然为设计核心，展现简约、高质感的生活状态，深受消费者喜爱，如图9-22所示。

（3）棉府绸面料。棉府绸面料在时装设计中以精密、柔软、丝光为主，聚焦于细特数的棉纱股线，高密度织造，布面平整挺括，可结合抗皱和丝光整理。用于日常休闲服装时，可选用棉麻混纺、棉黏混纺等，结合轻微水洗，呈现细腻柔软的特点。棉府绸面料主要用于设计衬衫、连衣裙等，如图9-23所示。

图9-22 亚麻斜纹田园
风格面料

图9-23 棉府绸田园
风格面料

第
九
章

不
同
风
格
服
装
面
料
识
别
与
应
用

（4）植物浆料丝网印花面料。材质上以有机棉、丝、麻等天然材料为主，工艺上使用天然的植物染料，呈现大自然的颜色，清新自然安全，对皮肤无害。将植物研磨并制成植物浆料，将制作好的丝网网板，放置在面料上，使用植物浆料进行手工刷色，使丝网印花层次丰富，可设计田园风格服装，如图9-24所示。

图9-24　植物浆料丝网印花田园风格面料

（5）混纺纤维面料。材质上以黏胶纤维、莱赛尔纤维、涤纶、真丝为主进行混纺或混织；亚麻纬纱结合色丁组织，将麻的天然质朴与缎面的华丽感融合，给布面带来特殊肌理的同时提升面料的挺括度。褶皱等微肌理感的处理给面料注入了精致的流动感；磨砂抛光感的镜面光泽呈上升趋势，给华丽穿着带来新的创意。混纺纤维面料可用于设计衬衫、连衣裙、半身裙、裤装等单品，如图9-25所示。

图9-25　混纺纤维田园风格面料

（6）碎花模糊花卉面料。模糊边界主题以当下热门的模糊技法、手绘艺术与花卉图案为灵感，在充满神秘感与抽象性的画面中探寻独特的氛围感。加入低饱和彩色系作为点缀，将都市时髦精致感与文艺气息完美融合，如图8-132所示。

第六节　民族风格服装面料

民族风格往往带有民族或地域独特的文化符号，与时代、阶级、风俗以及传统艺术息息相关。从艺术角度来看，民族服饰通过其款式、纹饰、色彩空间表现、视觉造型符号来传达不同的观念。从而表达不同的情感，唤起共同的心理文化特质。民族服饰符号特点：历史性符号、装饰性符号、文化象征符号，参见第八章。

民族风格服装
三维动态展示

一、世界民族风格服装设计举例

世界民族风格服装千变万化、千姿百态，不胜枚举，以下仅以波西米亚民族和非洲、南美洲民族风格服装为例简述。

（1）波西米亚民族风格。波西米亚风格，是一种保留着游牧民族特色的服装风格，其特点是鲜艳的手工装饰和粗犷厚重的面料。层叠蕾丝、蜡染印花、皮质流苏、手工绳结、刺绣和珠串等都是波西米亚风格的经典元素。波西米亚风格代表浪漫化、民俗化、自由化、也代表一种艺术家气质，一种时尚潮流，反传统的生活模式。

（2）非洲、南美洲民族风格。非洲、南美洲等热带地区的民族服装有着独特的色彩图案风格。非洲蜡染纹样大致可分为植物题材、动物题材、景观题材、几何题材、人物题材和文化符号题材纹样。上述纹样经过抽象化艺术加工，加以适当变形，且各纹样之间适当地相互穿插结合，然后运用到现代服饰上。非洲风格花型多以点线面构图，用色大胆，多以非洲图腾壁画为灵感，对称设计。

二、典型民族服装风格面料

（1）佩兹利纹样面料。佩兹利、腰果花等民俗风元素随着复古风的浪潮再次映入人们的视线，鲜艳的色彩与外轮廓，醒目的民俗花卉，经过设计师的再塑造拥有了别样的新意。佩兹利纹样起源于印度，原始形态起源被认为是印度生命之树，菩提树叶的造型，中国称为火腿纹样，西方称为佩兹利纹样，如图9-26所示。

（2）印加纹样面料。印加纹样是美洲的图案，以三角形、菱形为主要形状、图案有太阳神、鹰、虎、十字纹，如图9-27所示。

（3）塔帕纹样面料。塔帕纹样面料是南太平洋岛屿一种用树皮制成的非纺织布料，粗犷、古拙。制作方法有两种，一是手绘，用植物烧成炭制成黑色染料在布上绘制；二是用树叶、石片或竹片制成模板，在布上刷漆或染色。塔帕纹样面料如图9-28所示。

（4）北美印第安纳瓦霍族披肩挂毯纹样。北美印第安染织图案造型装饰性强，没有透视，最大特点就是大大小小的平行或垂直块面和菱形纹。绚丽、热烈，加造型神秘与繁杂，使印第安染织艺术成为世界工艺美术中的一颗明珠。图案大多由人物、鸟、几何纹组成，是北美印第安人的象征性符号，最著名的就是纳瓦霍族披肩挂毯纹样，如图9-29所示，参见第八章图8-112和图8-113。

图9-26　佩兹利纹样面料和服装

图9-27　印加纹样面料　　　　图9-28　塔帕纹样面料　　　　图9-29　纳瓦霍族披肩挂毯纹样

（5）日本民俗文化面料。和服图案纹样称为友禅纹样，将不同图案题材以复合方式组合。图案题材有松鹤、扇面、樱花、龟甲、红叶、青海波、竹叶、秋菊、牡丹、兰草、梅花等，表现方式有印染、手描、刺绣、扎染、蜡染、揩金，如图9-30和图9-31所示。

图9-30　友禅纹样织锦面料　　　　　　　图9-31　友禅染面料

第七节 复古风格服装面料

复古风格服装
三维动态展示

一、复古风格服装面料特征

复古风格服装面料以提花为主，提花面料有五大重点风格：欧式复古、金属亮丝复古、几何提花复古、精致缎面复古、毛呢提花复古。欧式复古风格中主要以立体浮雕提花和精致典雅的大提花为主，面料厚挺立体，主要用于大衣、夹克等外套单品和挺括裙装；金属亮丝的加入展现复古奢感；几何提花以线性、格纹拼接、图形叠加等形式展现；缎面提花以素色提花为主，主要用于柔软悬垂的连衣裙单品中；毛呢提花中独特的针织毛呢提花、圈圈纱等可以提升大衣质感。

二、复古风格服装面料选用

（1）素色提花面料。素色提花面料花型图案主要分为繁复大花、零散花束和传统纹样三大类。繁复大花以中大型花卉图案为主，元素边缘规整；零散花束主要为花朵茎叶组成的中小型花束，元素连续有序排列；传统纹样包括祥云、梅兰竹菊等传统中式元素，如图9-32所示。

（2）浮雕提花面料。佩兹利等经典纹样，细节丰富的花型图案以浮雕提花工艺展现出精致复古感，材质选用棉、羊毛、化纤混纺，面料厚实骨感，适用于外套单品和挺括裙装，如图9-33所示。

图9-32 传统素色提花面料　　图9-33 佩兹利浮雕提花面料

（3）几何提花面料。将几何元素以拼接、叠加形式结合提花工艺打造质感面料。以真丝、羊毛面料为材质，图案以几何色块、条格为主要元素，呈多层次叠加、交错，结合提花工艺展现出凹凸视觉效果。可选用浮雕提花、提花剪花、圈圈纱、多层次几何花型等手法实现，如图9-34所示。

（4）毛呢提花面料。毛呢绒感给花型带入柔焦滤镜，圈圈纱等花式纱的提花也使花部组织更加突出，花型立体柔和，主要以块面感的花型为主，如香奈儿（CHANEL）品牌的山茶花圈圈纱毛呢提花，如图9-35所示。

（5）金属亮丝面料。金属亮丝和化纤混纺，进行局部嵌入式提花，呈线性和点缀效果，也可满幅使用，将科技感和时尚感融合，呈现华丽舞台风，如图9-36所示。

图9-34 几何
提花面料

图9-35 毛呢
提花面料

图9-36 亮丝浮雕提花+烫钻面料

第八节 前卫风格服装面料

前卫风格服装
三维动态展示

前卫风格服装是指款式结构夸张、创意大胆，多运用不对称、对比强烈、立体感、装饰感强的表现形式。这种款式设计不仅突出了标新立异的特色，也满足了追求者的审美需求，同时也展现了服装创意设计的可拓空间性。服装造型自由夸张，将传统审美与后现代艺术相结合，使时尚潮流沿袭"简约主义"和"解构主义"，兼具个性化、情趣化的风格。

一、前卫风格服装面料特征

保留部分传统服装材料，选用人工后期再造、新潮、自然、高科技且光泽性强的材质面料。选取面料时更加注重面料的残旧、破损、刀割、燃洞的后期再创外观效果，材质上的搭配繁多无序，体现出杂乱无章、却又不失美感，充满创意、新颖的视觉冲击效果，追求通俗的趣味风格。

前卫服装重点风格有晕染色彩、自然纹理、写实图像、数字处理、潮流涂鸦、剪影花卉、线性花卉、失焦花卉和灵动笔触等。由于人工智能的影响，潮流数字化图案的印花风格流行趋势明显，数码处理和数字色彩流行。

二、前卫风格服装面料选用

（1）数字处理印花面料。数字处理印花面料被众多品牌使用，增长趋势明显，是潮牌和休闲街头风格品类首选的风格。设计过程中注重图案元素色彩的数码处理，通过色彩的失真效果或图案元素的变形处理提升服装风格。数字处理印花面料首选光泽面料、棉纺和弹力针织面料，丝绒面料的光泽结合数字色彩印花值得关注。数字处理印花面料，如图9-37所示。

图9-37 数字处理印花面料

（2）潮流涂鸦面料。潮流涂鸦风格受到文艺风格和街潮风格品牌的欢迎，设计时要关注涂鸦图案内容与服装风格是否和谐，利用多种绘图形式展示涂鸦内容，此风格适用面料和款式品类广泛，如图9-38所示。

图9-38 潮流涂鸦面料

（3）数字晕染面料。通过光学扫描将数字图像呈现金属感和流水性，可作为单一图案铺满款式，打造全新的科技视觉感受。晕染色彩的印花风格形式广泛，数字弥散效果仍然受到欢迎。例如，品牌乔治·阿玛尼开发的短款光晕弥散色彩缎面外套，此印花风格面料可选择有光合成纤维或醋酯纤维等具有光泽的化纤材质，重磅棉纺和丝缎面料是关键面料，如图9-39所示。

（4）放大几何面料。几何元素以印花的形式放大，经典的几何组合和波点元素备受欢迎。图案色彩方面常采用视觉强烈的对比色或数字色彩。材料方面常用黏胶纤维或合成纤维。可用于开发连衣裙、印花毛纺类外套等，如图9-40所示。

图9-39　数字晕染面料

图9-40　放大几何面料

（5）影像视图面料。随着元宇宙和人工智能的持续发酵，为年轻消费者与虚拟现实建立深度链接，通过数码印花技术将影像画面整幅印于服装上，如图9-41所示。

图9-41　影像视图面料

（6）新潮字符面料。通过数码直喷等印花工艺将金属质感和酸性色彩的新潮视觉可视化于款式上，满足年轻人对新颖事物的追求，打造科技潮流的时尚款式，如图9-42所示。

图9-42　新潮字符面料

第九节　未来风格服装面料

未来风格服装
三维动态展示

一、未来风格服装面料溯源

　　未来风格服装的设计风格与文化历史、时代审美及灵感来源等有很大关联，因受多种因素作用而相对模糊，未来风格服装的定位带有一定的主观色彩。由于欧美科幻电影的影响，现代人们辨识未来主义科幻服装的固定思维是金属色彩、高科技新型面料、夸张奇特的轮廓造型。随着中国科幻产业的崛起，国内设计师为了表达他们的设计理念，已经开始将一些未来主义的元素与我国文化结合，注入个人情感，形成全新的未来主义服装风格。

二、未来风格服装面料选用

　　（1）机能涂层面料。机能涂层面料主要有涤纶、锦纶，工艺采用涂层、烫银、压褶，以具有金属质感的光泽诠释未来风格，有轻微自然褶皱，适用于街头潮酷感单品，如抹胸、夹克、裤装、裙子、小礼服、套装等，如图9-43所示。

　　（2）玻璃丝缎面料。玻璃丝缎又称人鱼姬渐变面料，具有焕彩光泽，适用于新中式风格和酷炫时尚风格单品，面料柔软，波光粼粼，主要有真丝、黏胶纤维、醋酯纤维、涤纶等。采用撞色配色、表面洒金色工艺，柔软顺滑、焕彩光泽，适用于小礼服、时尚衬衫、时尚礼服、摇滚风

图9-43　机能涂层面料

255

格服饰等，如图9-44所示。

（3）金属亮丝面料。金属亮丝面料轻薄柔软，光泽柔和，适用于营造低调奢华的视觉感受，适用于衬衫、裙装、外套等，如图9-45所示。

（4）海岛丝缎面料。海岛丝缎面料原料为真丝、涤纶等合成纤维，竖向自然褶皱，有流动光泽，适用于悬垂流动感礼服单品，有奢华科技感，如图9-46所示。

图9-44 玻璃丝缎面料　　图9-45 金属亮丝面料　　　　图9-46 海岛丝缎面料

第十节　运动风格服装面料

一、运动风格服装面料特征

运动风格服装
三维动态展示

20世纪60年代以来，随着人们健康意识的提高，越来越多的人投入休闲体育运动当中。运动服装逐渐走进人们的日常生活当中，尤其女性运动服装，已不再是单一的功能性服装，而成为各种场合下均可以穿着的日常服装。服装的面料元素是指面料的成分、织造、外观、手感、质地等物理属性，是构成服装式样的物质基础。运动服装面料的特点是功能性要求，在运动服装的发展过程中，运动服装面料的开发具有十分重要的作用，不仅满足了运动服装的需求，同时也带动了服装面料整体水平的提高。现代运动风格女装设计在面料元素的运用上对于运动风格的体现，主要通过对以下几种面料体现。

二、运动风格服装面料选用

（1）涤盖棉面料。涤盖棉面料一直广泛应用于运动服装，它是采用涤纶与棉纱交织而成的针织面料。由于采用斜纹组织使布面的涤纶浮点远多于棉，而棉浮点集中于背面，仿佛是涤纶盖住了棉，所以也叫涤盖棉。涤纶强度高、耐磨性好、坚牢耐用、挺括抗皱，洗涤后可免烫，服装保形性好。但是涤纶透湿性、透气性差，而棉纤维具有很好的吸湿性和透气性。这种面料发挥了涤纶和棉纤维各自的优点，是运动服装的常用面料。目前除满足功能性需求外，将这种面料采用荧光染色处理，颜色更加鲜艳明亮、视觉醒目，成为现代运动风格女装的主要面料元素，如图9-47所示。

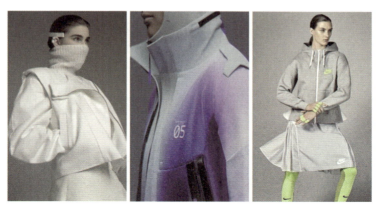

图9-47　涤盖棉面料

（2）针织网眼面料。针织网眼面料分为经编和纬编两种。纬编针织网眼面料是采用罗纹集圈或者双罗纹集圈组织编织而成。罗纹集圈形成的网眼效应是用途较广泛的一种，常采用纯棉纱和涤纶纱编织，织物表面呈凸凹效果或蜂巢状网眼，面料的透气性好，并且十分轻薄、易洗易干、外观挺括，是运动便装和各种球类运动服装常用的面料和里料。由于针织网眼面料的开发较多地针对运动服装的功能性需求，因此能够较明确地表现运动风格特征，如图9-48所示。

图9-48　针织网眼面料

（3）弹力面料。弹力府绸是采用氨纶包芯纱与棉、涤纱交织而成的机织面料，因为面料含有氨纶丝的成分，所以具有良好的弹性。面料色泽光亮、手感柔软、穿着舒适，各类运动服装、滑雪衫等都经常使用这种面料。弹力经绒平织布为两梳弹力纱和非弹力纱的交织织物，前梳为经绒组织，采用非弹力纱，后梳为经平组织，弹力纱使织物具有较好的延伸性和回弹性，健身服、泳衣多采用这种面料。现代运动风格女装中，性感、健美、突出女性身体优美曲图一起绒针织面料现代运动风格女装一年秋冬线类别的服装通常可以使用这种面料，如图9-49所示。

图9-49 弹力面料

（4）起绒针织绒布。起绒针织绒布表面覆盖有一层稠密、短细绒毛，因此称为起绒针织绒布。起绒针织绒布分为单面起绒和双面起绒两种。根据所用纱线细度和绒面厚度，又可分为细绒、薄绒和厚绒等种类。起绒针织绒布手感柔软、质地丰厚、轻便保暖、舒适感强，是日常训练服、训练裤、套头运动衫、连衣帽运动装等经常使用的面料。由于比较厚实保暖，秋冬季的现代运动风格女装可使用这种面料进行设计，运动风格强烈且实用，如图9-50所示。

图9-50 起绒针织绒布

（5）防水透湿复合面料。防水透湿复合面料是将防水性能、透湿性能和耐水洗性能有机地结合在一起，兼具防风和保暖的功能，其优良的服用性能越来越受到户外运动者和户外工作者的青睐。这些面料经过特殊整理后表面还带有各类金属光泽，将其运用于现代运动风格女装设计中，表现运动风格特征的同时，还可以展现体育运动者的轻盈形象，增加日常衣着的活跃气氛，如图9-51和图9-52所示。

图9-51 户外防水　　　　图9-52 户外防水透湿复合滑雪冲锋衣
透湿复合面料

第十章

面料在服装设计中的艺术再造和打理

第一节　服装面料再造

对服装面料进行开发和创新，把现代艺术中抽象、夸张、变形等艺术表现形式融入服装材料再创造中，为现代服装设计艺术发展提供更广阔的空间，这是现代设计师普遍关注的问题。

面料作为服装设计的三大要素（面料、服装设计、服装生产）之一，通过面料再造对面料进行再次创新设计，对成品面料进行二次工艺处理，使其产生新的艺术效果。面料再造是为设计增色，增强服装的色彩和造型的表现效果，是强化个人风格中很重要的一部分，也是用来表现设计师风格的重要手法之一。

世界上有很多大师级别的设计师用面料来凸显自己的风格，比如香奈儿的花呢套装，再比如三宅一生的"三宅褶皱"品牌，这些褶皱面料就如同品牌的名片一般独特。

一、面料再造的含义

服装面料再造又叫面料的二次设计，是指按照审美原则运用各种服饰工艺手段重塑改造，如采用绘、染、缝、贴、绣、剪、挖、烧、织、编等方式，对面料进行再创造的过程，使原材料在肌理、形式和质感上都具有全新的面貌，产生全新的艺术效果。

二、面料再造工艺类型

工艺制作与设计理念的表现是服装面料形态设计的重要环节，一件优秀的面料再造作品，不仅要构思独特，在表现形式和制作上更需完美精致；除此以外，设计师对面料加工技艺的协调运用能力，也是能否正确表达设计主题风格的关键所在。可以通过以下各类工艺手段的特点来了解其表现出的主题风格。

通过面料再造使面料主题从具象走向抽象：提取、变形抽象、装饰等多种艺术表现形式，再灵活运用重复分割、渐变、回转、迭叠、重合等多种构成手法演绎出疏松的空间感或规则整齐或零乱交错的节奏韵律感。

1. 面料立体形态设计

利用传统手工或平缝机等设备对各种面料进行缝制加工，也可运用物理和化学的手段改变面料原有的形态，形成立体感、层次感或浮雕般的肌理效果。一般所采用的方法是堆积、抽褶、折叠、凹凸、波浪扭曲、褶皱等，这类工艺手段可表现出华丽、富贵之感，能体现很强的女性化特征。

以系扎法最具代表性，用针挑起面料上确定的点，抽成一点，拉紧后打结。图案可以根据面料上连接点的距离长短和连接点方向的变换，可大可小、可连可断，且耐水洗、不松散。丰富面料空间层次和肌理效果，使面料具有立体感、层次感、浮雕感。

（1）折叠、褶皱和抽皱。在二维的织物基础上通过折叠、褶皱或者缝纫抽皱产生三维结构或留下凹凸的褶皱痕迹，如图10-1所示。

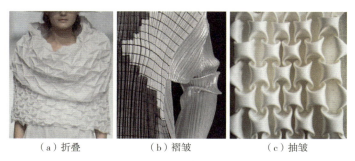

（a）折叠　　　　　　　（b）褶皱　　　　　　　（c）抽皱

图10-1　折叠、褶皱和抽皱

（2）褶裥。褶裥是通过对面料曲折变化带来微妙的动感和立体量感的装饰效果，褶裥的工艺手法包括层叠、压（捏）褶、波浪扭曲、捏褶等，或者两种以上方式组合使用，如图10-2所示。

（a）压褶+层叠　　　　　（b）波浪扭曲　　　　　（c）捏褶+层叠

（d）捏褶+层叠+扭曲

图10-2　褶裥

2. 面料形态的增型设计

一般是用单一或两种以上的材质在现有面料的基础上进行加工，形成立体的、多层次的设计效果，如魔术贴（花）、烫钻、绗缝、刺绣、珠绣、钉铆钉（牛仔裤）、透叠等多种组合。主题风格的表现与添加的材料有很大的关系，如刺绣表现传统的风格，贴花、盘绣体现民俗感，钉珠具有时尚的气息，钉金属铆钉又能体现前卫潮流等。

（1）刺绣、钉珠。在织物面料上按照图案或已设计好的造型对面料进行艺术化的加工和装饰。刺绣作为传统且灵活的面料改造工艺形式，多用于局部，刺绣方式可分为手工刺绣、缝纫刺绣、电子机绣三类。虽然类型不同，但都达到让面料肌理丰富、层次分明的效果，如图10-3所示。

（a）刺绣　　　（b）钉珠　　　（c）刺绣+钉珠

图10-3　刺绣、钉珠

（2）绗缝。绗缝即线条嵌花或在织物上缝制装饰性线，如图10-4所示。

图10-4　绗缝

（3）拼贴、复合。这种面料处理方式主要运用在一些特殊材料或特殊质地的面料中，比如两种不同质地的面料通过连接衬、黏合或缝纫的方式完成复合工艺，如图10-5所示。

（a）拼贴　　　　　　　　（b）复合

图10-5　拼贴与复合

通过拼贴与复合，使面料从单一走向多种面料的组合，把不同质感的材质重合、透叠，也能产生别样的视觉效果。

（4）烫钻、缝钻与装饰贴标。在衣服上做钻分三种工艺，分别为烫钻、缝钻和装饰贴标。

烫钻的背面有黏性胶质物，用熨斗烫黏，常见温度是150~200℃，使钻底部胶层熔化，从而粘贴到物体上；缝钻是利用钻后面的小孔，像纽扣一样，用线缝在衣服上；此外还有手工钻片，很多钻缝在一起，构成图案，比如小花朵钻、小动物钻等。

目前在服装上烫钻和缝钻已经成为一种时尚与潮流，烫图作为一种饰品，能增添衣服的美观，使衣服增值，如图10-6所示。

装饰贴是将预先做好的装饰贴标粘贴到服装上，一般是针织T恤应用较多，如图10-6所示。

（a）烫钻　　　　　　　　　（b）装饰贴标

图10-6　烫钻与装饰贴标

3. 面料形态的减型设计

为了产生新颖别致的美感，而剪掉面料的一部分，或按设计构思对现有的面料进行破坏。例如激光烧蚀、激光烧花、镂空（冲孔镂空、抽纱绣镂空、切口+编织镂空）、切口、抽纱、磨砂等，也可以采用双层组织织造，再剪掉一层，留下一层，形成破损美。

以上处理方式可产生更丰富的层次感，形成错落有致、亦实亦虚的效果，也能体现民俗、前卫、性感等特点，使布面呈现波动的透空感，如图10-7所示。

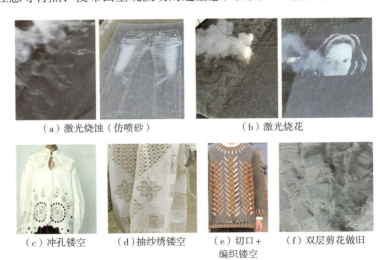

（a）激光烧蚀（仿喷砂）　　　　　　　（b）激光烧花

（c）冲孔镂空　　（d）抽纱绣镂空　　（e）切口+　　（f）双层剪花做旧
　　　　　　　　　　　　　　　　　编织镂空

图10-7　面料形态的减型设计方法

4. 面料形态的钩编设计

采用不同质感的线、绳、皮条、带子、装饰花边等，用钩织或编结等手段，组合成各种极富创意的作品，可形成凸凹、交错、连续、对比的视觉效果，如图10-8所示。

图10-8　面料形态的钩编设计方法

5. 面料形态的综合设计

面料本身、面料与面料之间以及多种面料之间的组合体现面料的多样性表达，强化服装在视觉上的创新效果，表达其丰富多彩的艺术审美效果，如剪切和叠加、绣花和镂空的同时运用。灵活地运用综合设计的表现方法会使面料更丰富，创造出别有洞天的肌理和视觉效果。

对一些平面材质进行处理再造，使其从平面化走向立体化。用折叠、编织、抽缩皱褶、堆积褶裥等手法，形成凹与凸的肌理对比，给人以强烈的触摸感觉；把不同的纤维材质通过编、织、钩、结等手段，构成韵律的空间层次，展现变化无穷的立体肌理效果，使平面的材质形成浮雕和立体感。

6. 工艺手段的应用特点

面料再造是以服装面料为载体，运用各种工艺手段进行加工设计。不同的面料具有不同的特性和表现性，要对面料进行合理的二次设计，关键是要根据面料的客观性能运用恰当的工艺手段来进行加工。

（1）面料的结构性能制约着工艺手段的实施：常用的服装面料有机织物、针织物、皮革和裘皮。这些不同种类的织物有着不同的组织结构和性能，而这些因素决定着面料再造时所选择的工艺能否实施。如机织面料由经纬纱线上下沉浮交织而成，织物一般比较紧密、弹性较差、布边平整，正反面有一定的色差，甚至有的面料有倒顺毛方向，面料边缘易脱线。根据这种结构和性能，面料再造时若运用镂空的工艺，显然达不到精美的程度，但运用抽纱、做破做旧、缝份反吐等工艺反而会达到良好的设计效果。针织面料柔软，弹性好，表面无光泽，粗糙，悬垂性好，有卷边性、脱散性和收缩性，若运用抽褶工艺显然达不到想要的效果，但运用切割、钉珠、丝网印花等工艺来进行面料再造，便能更好地发挥针织面料的特性。皮革材料是由絮状纤维构成的皮板，光面或绒面、柔韧、挺括、有一定的厚度、不会脱线，依此性能可运用压花、镂空、镶嵌等工艺进行面料再造。

（2）面料的外观特征影响工艺手段的应用：不同外观的面料给人不同的印象和美感，体现不同的设计风格。决定面料外观的因素主要有肌理、图案和色彩，这些因素直接影响面料再造时工艺手段的应用，而再造后面料视觉效果的好坏也取决于面料新形成的外观印象和美感。所以，在使用工艺手段进行加工时，要以原有的外观特征为基础，按照肌理、图案、色彩的特点来进行工艺加工。

针织面料的表面粗糙，若用编织、镂空的工艺进行面料再造，不但不会改变面料原来的视觉效果，反而会更加凌乱，若改用缝钉玻璃珠进行面料再造则会使面料外观焕然一新。印花织物本身就很美，在进行面料再造时，不仅不能破坏原有的花型，还应根据花型的外观造型、色彩的特点来选择合适的工艺手段进行加工，如在花瓣上烫钻、在花型边缘用装饰线迹缝绣、在花型与花型之间设计添加另一种图案等，只要色彩协调、制作精良均能实现良好的再造效果。

第二节　服装面料打理

一、蚕丝绸服装保养

蚕丝绸由天然蛋白质纤维织造，不耐碱，耐弱酸，不耐日晒，易被虫蛀，易发霉。

1. 洗涤

（1）手洗。蚕丝绸应手洗，不能用力搓、揉、拧，不能用洗衣机洗涤和甩干。

（2）水温。洗丝绸衣服时，水温一般在35～50℃。

（3）洗涤剂。蚕丝是蛋白质纤维，应采用中性洗涤剂，如洗发露、沐浴露、丝毛洗涤剂，可加少量白醋（一洗脸盆水约20mL）防止脱色，不能使用洗衣粉、肥皂等碱性的洗涤剂。

（4）单独洗涤。蚕丝织物水洗色牢度较低，容易掉色，也容易沾色，不同颜色的真丝产品要分开洗涤，以免互相染色。浸泡时间不宜过长，一般浸泡时间在3min左右。

（5）晾干。应采用阴干，不可置于阳光下曝晒，否则会造成丝织物褪色和质地损坏等现象。

2. 熨烫

熨斗的温度选择应为低温到低温略高点为宜，温度太高（高于140℃）会导致织物发黄发黑。先在烫台上垫一块白布，再将丝织品反面向上，用干净的白布覆盖在丝织品上面，放平整后进行熨烫。熨烫可以用蒸汽烫，但不能喷水，否则会造成水渍印。

3. 存放

蚕丝绸是蛋白质织物，若是储存在湿度过高的处所又沾附污点未处理的话，容易发霉或被虫咬。应使用除湿剂及防虫剂。换季送洗后，悬挂避光收藏，不能与樟脑丸直接接触，否则会发黄发脆。

二、羊毛服装保养

穿过的羊毛衣物，可能吸有身体的汗渍，应先在通风好的地方阴干，然后收起来。如果是放在柜子里的话，建议放入一些干燥剂，以保持干爽，经常清理衣物上的灰尘。毛呢衣物穿着后，容易沾上灰尘，最好尽早清除掉，一旦落上难以清除的灰尘，不能用刷子刷，可选用清理羊毛衣物专用的辊来清除。

给毛呢衣物足够的湿度，可以整平衣物上的褶皱，可以将蒸汽电熨斗调到低温状态进行熨烫；也可以将白毛巾盖在衣物上再熨烫，这样既不会伤到纤维，也不会留下熨烫痕迹。

三、兔毛服装保养

1. 洗涤方法

由于兔毛纤维表面由许多鳞片构成，一旦用洗衣机搅洗，就会使兔毛毡化，破坏其优良性能并影响美观，因此，兔毛织物服装不可以用洗衣机洗涤，最好干洗，也可以手洗。手洗方法如下：首先将中性洗涤剂（如洗发水、羊绒专用洗涤剂）倒入30℃左右温水中，待洗涤剂搅拌均匀，再放入衣物，用手轻轻拍揉；然后在40℃左右温水中清洗几次，直至清洗干净。

2. 保养方法

衣服清洗干净后，最好挂通风处晾晒几天，保证衣服充分干透，然后将樟脑丸放进衣服口袋，用衣袋密封包装，放衣柜时尽量把衣袋里的空气挤压出去，衣柜也要保持干燥清洁，避免出现蛀虫。

四、黏胶纤维织物保养

黏胶纤维是再生纤维素纤维，纤维结构松散，无定形区多，结晶区少，在水中膨胀，导致织物洗后收缩。用合成树脂处理可以减少膨胀和收缩。该处理还改善折皱回复性，但吸湿性降低。用作服装面料，黏胶纤维用作人棉绸（富春纺），丝巾、床上用品等。服用性能舒适，成本低廉。

黏胶纤维是一种中等重量的纤维，具有良好的强度和耐磨性。它是亲水性纤维（11%的回潮率）。黏胶纤维在适当的护理条件下可清洗，并且可干洗。

五、涤纶服装保养

涤纶服装可干洗或水洗，但由于经常产生静电，容易吸引污垢与棉絮，且不易清除，所以应该单独洗涤。洗涤时可使用一般的洗衣剂和家用漂白剂，白色的涤纶织物通常能维持雪白而不需要漂白。可用温水洗涤，水温最好在35℃左右，如有必要，可用漂白剂漂白，可用织物柔软剂消除静电。洗涤时应该用手轻轻挤压，切忌用手搓、揉、拧。为了避免起毛球，清洗与烘干涤纶衣物时，应将内面外翻，并尽量减少机器搅拌次数，且使用大量的水。

涤纶织物免烫性好，如需熨烫，应中温熨烫或使用蒸汽熨烫。熨烫温度必须低于纤维结构的玻璃化温度，即在150℃以下，超过该温度面料就会收缩、起皱，温度再高就会熔化。

不要过度烘干涤纶织物，这会导致其逐渐收缩。烘干涤纶衣物，建议可用烘衣机，因为吹风有助于防皱，但衣服干了之后应立即取出，否则可能产生皱褶。

六、腈纶服装保养

腈纶是合成纤维，洗涤、烘干和熨烫方法可以参照涤纶织物。

腈纶织物剩余伸长大，受外力后不易回复到原始状态，织物保形性差，洗涤后不能悬挂晾干，以免在重力作用下，针织服装拉长变大，产生变形。

熨烫时应在衣服上衬一块潮布，温度掌握在150℃以下为宜。腈纶本身的耐光性好，但是过度曝晒容易使混纺织物中染色的天然纤维成分褪色。

纯腈纶织物不怕虫蛀，收藏时不必放置樟脑丸，但应保持干净和干燥，以免混纺织物的黏胶纤维部分生霉斑，或羊毛部分被虫蛀。

七、醋酯纤维服装保养

醋酯纤维面料是半合成纤维织物，不易熔化，更易于打理。指甲油和指甲油去除剂中的醋酸酯会融化醋酯纤维，酒精也会融化醋酯纤维，所以要小心香水和指甲油产品，包括超级胶水。醋酯纤维应干洗或手洗，由于醋酯纤维在湿态时强度很低，应避免用洗衣机水洗，否则服装可能会遭到损坏。热水和吹干设备在约90℃时会使强度大幅下降。任何不经意的褶皱痕迹可能难以消失，遇热可能过度收缩。空气中褪色和变色污染气体容易改变织物色泽。这一缺点对深蓝色和海军蓝衬料尤其严重，因为它们暴露在外的部分会由蓝色先变成紫色，再变成红色。

八、莱赛尔、莫代尔纤维服装保养

莱赛尔、莫代尔纤维织物是再生纤维素织物，但是强度比较高，比较耐水洗，常温下手洗、机洗都可以，湿强比较高，缩水率很小。这类面料衣物易吸色上染，因而不要和易褪色的衣物混合洗涤，清洗时最好使用中性清洗剂，不要使用碱性洗涤剂，比如肥皂、洗衣粉等。如果要机洗的话，要将洗衣机模式调成柔和模式，清洗力度要小，时间不宜太久，尽量不要使用甩干功能。如果手洗，尽量柔和，水温不要超过30℃。

参考文献

［1］佟昀. 实用机织面料设计与创新［M］. 北京：中国纺织出版社，2018.

［2］佟昀. 纺织非遗与现代服饰面料赏析［M］. 成都：西南交通大学出版社有限公司，2022.

［3］钱小萍. 中国织锦大全：丝绸织锦编［M］. 北京：中国纺织出版社，2014.

［4］邬晓晓. 服装设计中新型纺织面料的应用探究［J］. 黑龙江纺织，2022（1）：26–28.

［5］佟昀，王平平，李影，等. 几种仿大提花织物的设计方法［J］. 棉纺织技术，2018，46（1）：61–65.

［6］魏慧敏. 纺织面料特性和色彩对服装设计的影响［J］. 化纤与纺织技术，2021，50（8）：118–120.

［7］雷兴武. 纺织面料特点对服装设计的影响［J］. 纺织报告，2021，40（7）：58–60.

［8］佟昀. 基于现代织造工艺的缂丝技艺创新［J］. 棉纺织技术，2020，48（8）：77–80.

［9］原竞杰. 服装面料在服装设计中的应用［J］. 鄂州大学学报，2020，27（6）：49–50.

［10］郭永禄. 织锦工艺技术的变革［J］. 江苏丝绸，2018，47（4）：37–38.

［11］佟昀. 机织试验与设备实训［M］. 2版. 北京：中国纺织出版社，2015.

［12］王丽艳. 服装面料肌理在服装设计中的运用［J］. 西部皮革，2019，41（3）：72.

［13］龙海如. 针织学［M］. 2版. 北京：中国纺织出版社，2014.

［14］龙海如，秦志刚. 针织工艺学［M］. 上海：东华大学出版社，2017.

［15］陈国芬. 针织产品与设计［M］. 2版. 上海：东华大学出版社，2010.

［16］郭凤芝，邢声远，郭瑞良. 新型服装面料开发［M］. 北京：中国纺织出版社，2014.

［17］郝国庆，万爱兰. 秋冬经编休闲裤子面料开发［J］. 针织工业，2023（10）：15–18.

［18］林朝旺. "雁文化"国风流行趋势下的拉舍尔蕾丝面料开发实践［J］. 轻纺工业与技术，2023，52（3）：16–18.